Nachrichtentechnik
Herausgegeben von H. Marko
Band 3

Ernst Lüder

Bau hybrider Mikroschaltungen

Einführung in die
Dünn- und Dickschichttechnologie

Springer-Verlag
Berlin Heidelberg New York 1977

Dr.-Ing. ERNST LÜDER
o. Professor, Direktor des Instituts
für Netzwerk- und Systemtheorie der Universität Stuttgart

Dr.-Ing. HANS MARKO
o. Professor, Direktor des Instituts für Nachrichtentechnik
der Technischen Universität München

Mit 141 Abbildungen

ISBN 3-540-08289-1 Springer-Verlag Berlin Heidelberg New York
ISBN 0-387-08289-1 Springer-Verlag New York Heidelberg Berlin

Library of Congress Cataloging in Publication Data
Lüder, Ernst, 1932– Bau hybrider Mikroschaltungen. (Nachrichtentechnik ; Bd. 3) Bibliography: p. Includes index. 1. Hybrid intergrated circuits. I. Title. II. Series. TK7874.L83 621.381'73 77-2798

Das Werk ist urheberrechtlich geschützt. Die dadurch begründeten Rechte, insbesondere die der Übersetzung, des Nachdruckes, der Entnahme von Abbildungen, der Funksendung, der Wiedergabe auf photomechanischem oder ähnlichem Wege und der Speicherung in Datenverarbeitungsanlagen bleiben, auch bei nur auszugsweiser Verwertung, vorbehalten.
Bei Vervielfältigungen für gewerbliche Zwecke ist gemäß § 54 UrhG eine Vergütung an den Verlag zu zahlen, deren Höhe mit dem Verlag zu vereinbaren ist.
© by Springer-Verlag, Berlin/Heidelberg 1977.
Printed in Germany
Die Wiedergabe von Gebrauchsnamen, Handelsnamen, Warenbezeichnungen usw. in diesem Buche berechtigt auch ohne besondere Kennzeichnung nicht zur Annahme, daß solche Namen im Sinne der Warenzeichen- und Markenschutz-Gesetzgebung als frei zu betrachten wären und daher von jedermann benutzt werden dürften.
Offsetdruck: fotokop wilhelm weihert kg, Darmstadt · Bindearbeiten: Konrad Triltsch, Würzburg
2362/3020 5 4 3 2 1 0

Vorwort

Die zentralen Bauteile hybrider, d.h. gemischt aufgebauter Mikroschaltungen sind Widerstände, Kondensatoren und Leiterbahnen in Dick- oder Dünnschichttechnik. Zusätzliche Elemente, zu denen insbesondere Einzelhalbleiter und integrierte Schaltkreise gehören, setzt man durch ein Bondverfahren in die Schichtschaltung ein.

In diesem Buch werden die Herstellungsverfahren für Schichtbauteile, deren Eigenschaften und die Hybridierung der Schaltung, nicht aber Fragen der Halbleitertechnik behandelt. Der Band soll dem Ingenieur oder Physiker eine Einführung in die hybride Schichttechnik bieten, ihn aber auch in die Lage versetzen, die wesentlichen Kenntnisse zum selbständigen Bau von Schichtschaltungen zu erwerben. Viele Beobachtungen und Erfahrungen aus dem Labor für Dünn- und Dickschichttechnik der Universität Stuttgart sind in die Darstellung eingeflossen.

Dem Leiter dieses Labors, Herrn Dr. T. Kallfaß, danke ich für seinen hilfreichen fachlichen Rat und für die kritische Durchsicht des gesamten Buches. Viele wertvolle Hinweise verdanke ich meinen Mitarbeitern, den Herren Dipl.-Phys. H. Baeger, Dipl.-Ing. B. Kaiser, Dr.-Ing. H.W. Renz und Dipl.-Phys. R. Riekeles. Herr Ing. grad. G. Stähle und Herr R. Geiger haben sämtliche Zeichnungen mit Sachverstand angefertigt. Frl. U. Rieger danke ich für die Geduld und Sorgfalt bei der Herstellung des Manuskriptes.

Ich hoffe, daß der vorliegende Band dazu beiträgt, den hybriden Mikroschaltungen in der Nachrichten- und Regelungstechnik, in der Haushalts- und Kfz-Elektronik und in der medizinischen Technik eine immer breitere und nutzbringende Anwendung zu verschaffen.

Stuttgart, im Sommer 1977 E. Lüder

Inhaltsverzeichnis

1 Einführung und Überblick 1
  1.1 Die Notwendigkeit für Schichttechnik 1
  1.2 Überblick über die Herstellung von Schichtbauteilen 3
    1.2.1 Bauformen 3
    1.2.2 Herstellung von Dickschichtschaltungen 5
    1.2.3 Herstellung von Dünnschichtschaltungen 6
    1.2.4 Hybridierung der Schaltung 7

2 Kennzeichen der Schichtbauteile 8
  2.1 Ohmwiderstände 8
    2.1.1 Flächenwiderstand und Leistungsbelastung 8
    2.1.2 Leitungsmechanismen 12
    2.1.3 Temperaturkoeffizient (TK) 16
    2.1.4 Spannungskoeffizient 17
    2.1.5 Rauschzahl 18
  2.2 Kondensatoren 20
  2.3 Spulen 23
  2.4 Verteilte RC-Bauteile 24

3 Substrate 25
  3.1 Kenngrößen für Substrate 25
    3.1.1 Rauhigkeit der Oberfläche 25
    3.1.2 Wölbung der festen Substrate 27
    3.1.3 Porenarme Oberfläche 27
    3.1.4 Thermischer Ausdehnungskoeffizient 27
    3.1.5 Thermische Leitfähigkeit 27
    3.1.6 Resistenz gegen Ätzmittel 28
    3.1.7 Chemische Stabilität 28
    3.1.8 Verlustfaktor des Substrates als Dielektrikum 29

Inhaltsverzeichnis VII

    3.2 Substratreinigung 29

    3.3 Bearbeitung von Substraten 30

4 Dickschichttechnik 32

    4.1 Das Verfahren 32

    4.2 Siebe... 34

    4.3 Maskenherstellung 35

        4.3.1 Herstellung des Originals 35

        4.3.2 Verkleinerung auf Reduktionskamera 35

        4.3.3 Filme 37

        4.3.4 Übertrag der Struktur auf eine Maske 38

            4.3.4.1 Emulsionssiebe 38

            4.3.4.2 Metallmasken 39

    4.4 Pasten 40

        4.4.1 Bestandteile von Pasten und deren Aufgaben 40

        4.4.2 Viskosität von Pasten 40

        4.4.3 Messung der Haftfestigkeit 42

            4.4.3.1 Test mit Klebestreifen 42

            4.4.3.2 Senkrechtes oder waagrechtes Abreißen 42

            4.4.3.3 Schältest und Schertest 43

        4.4.4 Pasten für Leiterbahnen 44

        4.4.5 Widerstandspasten 45

        4.4.6 Dielektrische Pasten 47

            4.4.6.1 NDK-Pasten 47

            4.4.6.2 HDK-Pasten 48

            4.4.6.3 NPO-Pasten 48

            4.4.6.4 Ausbeute bei der Herstellung von Kondensatoren 49

        4.4.7 Lotpasten 50

        4.4.8 Umhüllungspasten 50

        4.4.9 Pasten für elektro-optische Anzeigen 50

        4.4.10 Pasten für steuerbare Widerstände 51

        4.4.11 Einige Sonderpasten 51

5 Dünnschichttechnik 53

    5.1 Vakuumanlagen... 53

        5.1.1 Einheiten und Grundgesetze 53

        5.1.2 Vakuumpumpen 57

            5.1.2.1 Vorpumpen 57

            5.1.2.2 Hoch- und Ultrahochvakuumpumpen (HV- und UHV-
                     Pumpen) 57

5.1.3 Druckmeßgeräte 61
    5.1.3.1 Pirani-Röhre 61
    5.1.3.2 Ionisationsmanometer nach Bayard-Alpert 61
    5.1.3.3 Massenspektrometer 62

5.2 Aufdampen von Schichten 64
  5.2.1 Verfahren zur Verdampfung 64
    5.2.1.1 Widerstandsbeheizte Schiffchen 64
    5.2.1.2 Flashverdampfung 65
    5.2.1.3 Verdampfen mit Elektronenstrahlkanone 65
  5.2.2 Verdampfbare Materialien und deren Eigenschaften 66
  5.2.3 Dicke der aufgedampfen Schicht 68
    5.2.3.1 Berechnung der Schichtdicke 68
    5.2.3.2 Messung der Schichtdicke 71
  5.2.4 Aufgedampfte elektrische Bauteile 73
    5.2.4.1 Leiterbahnen 73
    5.2.4.2 Widerstände 73
    5.2.4.3 Dielektrika 74

5.3 Aufstäuben von Schichten 75
  5.3.1 Sputtervorgang 75
  5.3.2 Erzeugung des Plasmas 77
  5.3.3 Sputterausbeute und Sputtergeschwindigkeit 78
  5.3.4 Sputtern mit Vorspannung am Substrat 81
  5.3.5 Sputtern mit Hochfrequenz 82
  5.3.6 Sputtern mit einem Magnetron 86
  5.3.7 Sputter-Ätzen 87
  5.3.8 Aufgestäubte Schichten für Widerstände 87
    5.3.8.1 Ta-Nitrid- und Ta-Oxinitrid-Widerstände 87
    5.3.8.2 Die Kennzeichen von Oxinitrid-Schichten 91
    5.3.8.3 Widerstände aus Ta-Al-Schichten 95
  5.3.9 Dielektrische Schichten aus Ta 97
    5.3.9.1 Herstellung des Dielektrikums 97
    5.3.9.2 Kondensatoren aus Ta-Schichten 100
  5.3.10 Methoden zur Analyse von Schichten 105
  5.3.11 Herstellung von Strukturen 105
    5.3.11.1 Photolithographie 105
    5.3.11.2 Ätzen 107

5.4 Chemische Abscheidung von Schichten 110
  5.4.1 Elektrolytische Abscheidung 111
  5.4.2 Stromloses Abscheiden 111

Inhaltsverzeichnis IX

5.5 Alterung von Bauteilen 112
5.6 Prozeßfolgen bei der Herstellung von Widerständen und Kondensatoren auf einem Substrat 120
    5.6.1 Herstellung von Widerständen und Kondensatoren auf einem Substrat nach dem Bell-Verfahren 120
    5.6.2 Mehrschichtverfahren 121
    5.6.3 Herstellung von Widerständen und Kondensatoren aus einer Schicht 123
    5.6.4 Herstellprozeß für RC-Leitungen 124

6 Bonden 126
  6.1 Löten 126
    6.1.1 Tauchlöten 127
    6.1.2 Reflow Soldering 128
  6.2 Thermokompression und Punktschweißen 128
  6.3 Ultraschallbonden 129
  6.4 Kleben 130
  6.5 Umhüllung von Schaltungen 131

7 Abgleich von Bauteilen 132
  7.1 Abgleich von Dickschichtwiderständen durch Sandstrahlen 132
  7.2 Laser-Abgleich von Schichtwiderständen 132
  7.3 Abgleich von Ta-Schichtwiderständen durch Anodisieren 133

8 Dünnschichttransistoren 134
  8.1 Wirkungsweise 134
  8.2 Materialien und ihr Einfluß auf die Parameter 140
  8.3 Herstellungsverfahren 142

Literaturverzeichnis 145

Sachverzeichnis 152

1 Einführung und Überblick

1.1 Die Notwendigkeit für Schichttechnik

Die elektrischen Bauteile hybrider, d.h. gemischt aufgebauter Mikroschaltungen sind zum einen integrierte, meist aktive Halbleiterschaltungen oder Einzelhalbleiter und zum anderen passive Elemente, wie Ohmwiderstände, Kondensatoren und Leiterbahnen in Schichttechnik. Dieser gemischte Aufbau miniaturisierter Schaltungen gestattet es, aus jeder der beiden Techniken die für die jeweilige Anwendung passenden Teile auszuwählen.

Eine einheitliche Technik auf der Basis der integrierten Schaltkreise wäre aus wirtschaftlichen Gründen zwar erstrebenswert, erlaubt aber nicht den Bau von präzisen langzeit- und temperaturstabilen Schaltungen. Darüber hinaus sind Mikrowellenschaltungen nur in hybrider Form möglich. Der Grund liegt in der Unvollkommenheit von Halbleiterwiderständen sowie von MOS- und Sperrschichtkondensatoren, deren wichtigste Eigenschaften aus den Tabellen 1a und 1b zu ersehen sind [1]. Besonders nachteilig sind der relativ hohe Temperaturkoeffizient (TK), die große Herstelltoleranz und der hohe Verlustfaktor der Kondensatoren. Außerdem sind der kleine realisierbare Wertebereich und die fehlende Möglichkeit eines Abgleichs oft von Nachteil.

Dieser Mangel integrierter Schaltungen wird durch die Hinzunahme passiver Bauteile in Dünn- oder Dickschichttechnik behoben, mit denen sich präzise, stabile und abgleichbare Schaltungen bauen lassen. Die Bauteile bestehen aus leitenden oder dielektrischen Schichten, die auf Substrate als Träger aufgebracht werden. Die Notwendigkeit für Schichtschaltungen tritt besonders stark in der analogen Technik auf, ist aber auch in der digitalen Technik, eine Domäne der integrierten Halbleiterschaltkreise (IC)[1], weit verbreitet.

---

[1] Integrated Circuits.

Tabelle 1a. Eigenschaften von Halbleiterwiderständen

	Diffundierte Widerstände	Ionenimplantierte Widerstände
Wertebereich des Flächenwiderstandes in $\Omega/\square$	80 - 200	500 - 30000
Temperaturkoeffizient in ppm/K	-1200...-2000	-100...-1200
Absolute Herstelltoleranz in %	± 12,0	± 6
Relative Herstelltoleranz auf einem Substrat in %	± 1,5	± 1

Tabelle 1b. Eigenschaften von Halbleiter-Kondensatoren

	Monolithisch integrierte Sperrschichtkondensatoren	Einzelne Sperrschichtkondensatoren	Einzelne MOS-Kondensatoren[a]
Wertebereich in nF/cm^2	< 0,4	< 1	5...15
Durchbruchspannung in V	20	50	100
Herstelltoleranz in %	± 15	± 15	± 2...± 10
Temperaturkoeffizient in ppm/K	400	400	< 50
Verlustfaktor $\tan\delta$ bei 1 kHz	0,1...1	0,1...1	$1...2,5 \cdot 10^{-4}$

[a] MOS: <u>M</u>etal <u>O</u>xide <u>S</u>emiconductor. Sie haben in IC's schlechtere Eigenschaften.

Die Schichttechnik bietet die Besonderheit, den TK der Ohmwiderstände (TKR) ungefähr negativ gleich dem der Kondensatoren (TKC) zu machen [2]. Damit wird die Zeitkonstante T = RC nahezu unabhängig von der Temperatur, was zu sehr temperaturstabilen Schaltungen führt. Diese Eigenschaft wird z.B. beim Bau von Filtern, Modems oder Oszillatoren benötigt. Die TK-Anpassung kann wesentlich genauer ausgeführt werden als bei nicht miniaturisierten Bauteilen. Ein Aussuchen passender Paare ist nicht nötig.

Gelegentlich wird der Grad der Hybridierung [3, 4] noch erhöht, nämlich dann, wenn einzelne miniaturisierte Kondensatoren, sogenannte diskrete Kondensatoren oder Chip-Kondensatoren, eingesetzt werden. Eine geringe Hybridierung liegt vor, wenn nur noch die Leiterbahnen zur Verbindung von IC's in Schichttechnik ausgeführt werden. Von dieser Verbindungstechnologie wird oft zusammen mit einem geeigneten Lötverfahren Gebrauch gemacht, weil sie zuverlässig, platzsparend und automatisierbar ist.

Der Bau von Dünnschichttransistoren und Dioden [5] ist ebenfalls möglich, wird aber noch selten ausgeführt. Dünnschichttransistoren werden gelegentlich als Schalter bei elektronischen Displays verwendet.

1.2 Überblick über die Herstellung von Schichtbauteilen

Die folgenden Abschnitte geben einen groben Überblick über die Schichtbauteile und deren Herstellung und sollen die spätere detaillierte Darstellung erleichtern.

1.2.1 Bauformen

Als erstes werden Bauformen für niedrige Frequenzen bis zu einer oberen Grenze von einigen MHz beschrieben. Schichtwiderstände haben eine band- oder mäanderförmige Struktur, die an niederohmige Leiterbahnen angeschlossen ist. Die Bilder 1a, b zeigen die Draufsicht. Schnitt und Draufsicht für einen Dickschichtkondensator stellt Bild 2 dar. Ein mehrlagiger Kondensator ist in Bild 3 zu sehen.

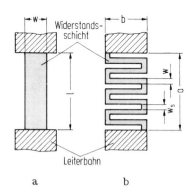

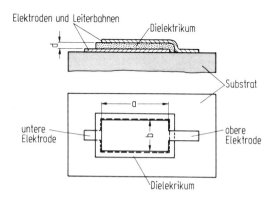

Bild 1a, b. Schichtwiderstände.
a) bandförmiger Widerstand mit $l/w \gtreqless 1$;
b) mäanderförmiger Widerstand.

Bild 2. Dickschichtkondensator.

Dünnschichtkondensatoren weisen demgegenüber leichte durch die Herstellung hervorgerufene Abweichungen auf, die später beschrieben werden. Die sehr selten verwendeten Spulen in Schichttechnik sind spiralige Flachspulen gemäß Bild 4. Da sie, wie später erläutert wird, nur sehr unvollkommen verwirklicht werden können, müssen für die Miniaturisierung i.a. spulenfreie Schaltungen entworfen werden. Flachspulen werden gelegentlich im MHz-Gebiet eingesetzt.

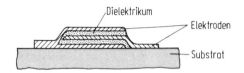

Bild 3. Zweilagiger Dickschichtkondensator.

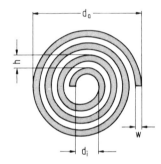

Bild 4. Spiralförmige Flachspule.

Selbst bei tiefen Frequenzen können verteilte RC-Elemente, d.h. RC-Leitungen, gebaut werden. Den möglichen Aufbau eines RC-Leitungs-Dreipols zeigt Bild 5a, sein Ersatzschaltbild Bild 5b [2]. Zwischen den Klemmen 1 und 3 sowie 2 und 3 wirken verteilte Ohmwiderstände dR mit verteilten kapazitiven Ableitungen dC zur Deckelektrode 3. Da die Bauelemente übereinander angeordnet sind, kommen sie mit geringer Substratfläche aus und erlauben einen hohen Integrationsgrad. Der RC-Dreipol stellt eine homogene Leitung dar, da alle Widerstands- und Kapazitätsbeläge die jeweils selbe Größe dR und dC haben. Inhomogene Leitungen haben sich noch nicht bewährt.

In der Mikrowellentechnik werden Streifenleitungen eingesetzt [6, 7, 8]. Eine Koplanar-, Schlitz- und eine sogenannte Suspended-Substrate-Leitung sind in Bild 6a, b, c dargestellt. Die Leitungsbahnen werden in Dünnschichttechnik ausgeführt.

Bauteile werden i.a. auf ca. 0,6 mm starke Hartsubstrate aufgebracht. Übliche Materialien sind Gläser und Al-Oxid-Keramik (Al_2O_3-Keramik). Flexible Substrate bestehen aus Polyimidfolien.

1.2 Überblick über die Herstellung von Schichtbauteilen

Die Dick- und Dünnschichttechnik unterscheiden sich neben der Schichtdicke vornehmlich durch ihre Herstellungsverfahren.

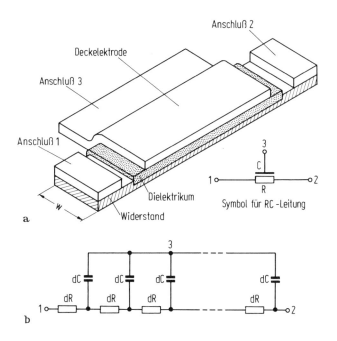

Bild 5a,b. Dünnschicht-RC-Leitung nach [2]. a) Aufbau; b) Ersatzschaltung.

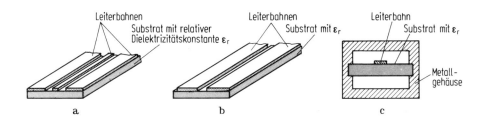

Bild 6a-c. Streifenleitungen. a) Koplanarleitung; b) Schlitzleitung; c) Suspended-Substrate-Leitung.

1.2.2 Herstellung von Dickschichtschaltungen

Dickschichtwiderstände sind i.a. bandförmig und 15 bis 30 µm stark. Sie werden im Siebdruckverfahren [9] auf ein Substrat aufgebracht. Dabei wird eine Paste durch ein Sieb, das eine Öffnung für den bandförmigen Widerstand enthält, auf ein Substrat gepreßt. Die Paste besteht aus fein verteiltem Widerstandsmaterial, Glaspartikeln, organischem Träger und Zusätzen, welche die geeignete Steifigkeit der Paste sicherstellen. Durch Trocknen bei ca. 130°C und Einbrennen bei 850°C verflüchtigen sich

Zusätze und Träger. Widerstandsmaterial und Glas sintern zu einem harten Widerstandsband zusammen. Die elektrische Leitfähigkeit wird, wie in Bild 7 dargestellt, durch sich berührende Widerstandspartikel hergestellt [10]. Bei Stromdurchgang und Erwärmung kann die Berührung intensiver und lockerer werden, was zu regellosen Stromschwankungen, d.h. zu Stromrauschen, führt.

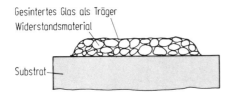

Bild 7. Querschnitt durch einen Dickschichtwiderstand.

Leiterbahnen werden in derselben Weise hergestellt. Beim Bau von Dickschichtkondensatoren druckt man eine Folge von Leiterpasten und dielektrischen Pasten auf. Ein typischer Wert für die Dicke der dielektrischen Schicht ist ca. 40 bis 50 µm, womit sich Flächenkapazitäten im Bereich von 200 bis 400 pF/cm^2 bei verlustarmen Kondensatoren mit $\varepsilon_r = 10 \ldots 20$ erzielen lassen. Verlustreichere Blockkondensatoren erreichen 1 bis 20 nF/cm^2 bei $\varepsilon_r = 50 \ldots 1000$.

1.2.3 Herstellung von Dünnschichtschaltungen

Bei der Dünnschichttechnik wird ein Substrat i.a. ganzflächig mit einer Folge von Schichten für Widerstände, Dielektrika oder Leiterbahnen bedeckt. Die dabei am häufigsten verwendeten Verfahren sind Aufdampfen und Aufstäuben [2, 11], das auch Sputtern genannt wird. Als Träger für die Schichten kommen die erwähnten festen Substrate oder, eine vielversprechende Entwicklung, auch flexible Kunststoffolien in Frage. Beide Verfahren benötigen ein Vakuum. Beim Sputtern, einem kalten Vorgang, werden durch ein Ionenbombardement Atome jenes Materials freigesetzt, aus dem die Schicht gebildet werden soll. Diese Atome schlagen sich als dichter Film auf dem Substrat nieder. Weitere Möglichkeiten, eine Schicht aufzubringen, sind die galvanische und die stromlose Abscheidung [12], die Abscheidung aus der Gasphase oder das Aufsprühen.

Aus der ganzflächigen Schicht werden die erforderlichen Strukturen selektiv herausgeätzt. Dazu müssen jene Teile, die vom Ätzmittel nicht angegriffen werden sollen, durch Masken abgedeckt werden. Diese bestehen in der Regel aus Photolack, in den man auf photolithographischem Weg, d.h. durch Belichten durch einen Film hindurch und durch Entwickeln des Lacks, die gewünschte Struktur abbildet. Den benötigten Film erhält man durch Verkleinern und Photographieren eines Layouts, d.h. einer geometrisch getreuen Zeichnung einer ganzen Schaltung oder deren einzelnen Teile.

1.2 Überblick über die Herstellung von Schichtbauteilen

Niederohmige Dünnschichtwiderstände sind band-, hochohmige mäanderförmig mit einer Dicke von 50 bis 100 nm[1]. Mäander haben eine Bahnbreite von 20 über 50 bis 100 µm. Die elektrischen Eigenschaften von Widerständen werden durch eine Temperung bei erhöhter Temperatur stabilisiert. Leiterbahnen sind 0,1 über 0,5 bis 1 mm breit und 1 bis 5 µm stark. Dielektrische Schichten erzeugt man in der Regel durch Oxidation metallischer oder halbleitender Schichten. Falls in einem Elektrolyten oxidiert wird, spricht man auch von Anodisation. Bei Verwendung von Ta-Oxid Ta_2O_5 erzielt man Flächenkapazitäten von ca. 60 bis 100 nF/cm^2. Die Anpassung des TKC an den TKR geschieht durch Dotierung der Schichten mit Gasatomen.

Aufgedampfte Dünnschichtschaltungen bestehen i.a. aus NiCr-Widerständen und SiO-Kondensatoren. Statt dem ganzflächigen Aufdampfen ist dabei manchmal auch Aufdampfen durch Masken gebräuchlich. Für aufgestäubte Schaltungen ist Ta das am häufigsten verwendete Material.

1.2.4 Hybridierung der Schaltung

Der Aufbau der Schaltung wird im wesentlichen abgeschlossen durch das Einsetzen der zusätzlichen Bauteile, wie gehäuste oder ungehäuste IC, und der Anschlußklemmen. Das Verbinden der elektrischen Anschlüsse, auch Bonding genannt, wird insbesondere durch Löten, Thermokompression, Ultraschallbonden oder Kleben bewerkstelligt [13]. Den Abschluß bildet, falls nötig, eine Umhüllung oder eine Einkapselung der ganzen Schaltung. In Tabelle 2 sind typische Abmessungen von Dick- und Dünnschichtbauteilen zusammengestellt.

Tabelle 2. Typische Abmessungen von Schichtbauteilen

	Dickschichttechnik	Dünnschichttechnik
Bandwiderstand Breite	0,5 ... 5 mm	50 ... 1000 µm
Länge	0,5 ... 5 mm	100 µm ... 5 mm
Breite des Widerstandsmäanders	–	20 ... 50 ... 100 µm $l/w < 10^4 ... 10^5$ [a]
Dicke der Widerstandsschicht	25 µm	50 ... 100 nm
Leiterbahnen Breite	0,2 ... 1 mm	0,1 ... 1 mm
Dicke	25 µm	1 ... 5 µm
Dicke dielektrischer Schichten	40 ... 50 µm	300 ... 400 nm
Übliche Substratgrößen[b]	7 × 15 mm ... 25 × 50 mm	7 × 15 mm ... 12 × 25 mm

[a] l = Länge, w = Breite des Mäanders.
[b] Die Substratgröße 7 × 15 mm entspricht der dual-in-line-Fassung.

---

[1] Ältere Maßeinheit: Å (Ångström). 1 Å = 10^{-10} m = 0,1 nm.

2 Kennzeichen der Schichtbauteile

2.1 Ohmwiderstände

2.1.1 Flächenwiderstand und Leistungsbelastung

Bild 8a stellt einen Schichtwiderstand dar, für dessen Wert bei der durch den Pfeil angegebenen Stromrichtung

$$R = \frac{\rho}{d} \frac{l}{w} \tag{1}$$

gilt. Dabei ist ρ in Ωcm der spezifische Widerstand.

$$R_F = \frac{\rho}{d} \tag{2}$$

oder mit (1)

$$R_F = \frac{R}{l/w} \tag{3}$$

heißt Flächenwiderstand. Bei Schichtschaltungen werden ρ und d i.a. von vornherein festgelegt, weshalb R_F eine kennzeichnende Größe ist. Für einen quadratischen Widerstand, d.h. für $l = w$ gilt

$$R_F = R, \tag{4}$$

woraus die übliche Angabe der Dimension für R_F als Ohm pro Quadrat ($\Omega/\square$) folgt. Typische Werte für R_F sind Tabelle 3 zu entnehmen. Mit

$$R = R_F \frac{l}{w} \tag{5}$$

läßt sich bei bekanntem R_F der Widerstand R leicht angeben. Man muß l/w bestimmen, indem man an einem Widerstand die Zahl der Quadrate der Kantenlänge w abliest. Der Bandwiderstand in Bild 1a hat $l/w = 3,5$ und damit $R = 3,5\, R_F$; für den Mäander in Bild 1b gilt $l/w = 61$ und $R = 61\, R_F$. Wegen des inhomogenen Strö-

2.1 Ohmwiderstände

mungsfeldes im Mäander gilt dort (5) nur näherungsweise. Bei einer genaueren Rechnung kann man annehmen, daß ein Quadrat in den Ecken des Mäanders nur den Widerstand $0,5 R_F$ beiträgt. Dünnschichtwiderstände mit $R < 200\,\Omega$ sind i.a. bandförmig.

Tabelle 3. Typische Werte für R_F

	Widerstände	Leiterbahnen
Dünnschichttechnik	$20 \ldots 250\,\Omega/\square$	$6\,m\Omega/\square \ldots 1\,\Omega/\square$
Dickschichttechnik	$10\,\Omega/\square \ldots 10\,M\Omega/\square$	$2 \ldots \underline{25} \ldots 100\,m\Omega/\square$

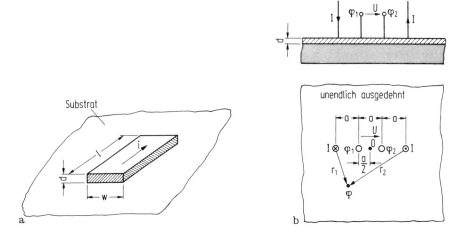

Bild 8a,b. Schichtwiderstand. a) Darstellung; b) Vierpunktmessung des Flächenwiderstandes.

Zur Messung von R_F benützt man in der Dünnschichttechnik wie auch in der Halbleitertechnik die Vier-Punkt-Messung nach Bild 8b. Der über Spitzen zugeführte eingeprägte Gleichstrom I erzeugt in der als unendlich ausgedehnt angenommenen dünnen Schicht der Dicke d ein zylindrisches Strömungsfeld mit dem Potential

$$\varphi = \frac{I}{2\pi}\,\frac{\rho}{d}\left(\ln\frac{3a}{2r_1} - \ln\frac{3a}{2r_2}\right). \tag{6}$$

(6) folgt aus der Potentialtheorie [14] und setzt voraus, die Spitzen würden so in die Schicht eindringen, daß sie eine zylindrische Anordnung von Elektroden bilden. Außerdem wurde angenommen, daß im Punkt 0 das Potential $\varphi = 0$ herrscht. Zwi-

schen zwei unbelasteten Meßspitzen wird die Spannung

$$U = \varphi_1 - \varphi_2 \tag{7a}$$

abgegriffen, die sich mit (6), den aus Bild 8b ersichtlichen Abmessungen und R_F aus (2) zu

$$U = \frac{I}{\pi}(\ln 2)R_F \tag{7b}$$

ergibt. Daraus folgt

$$R_F = \frac{U}{I}\frac{\pi}{\ln 2} \quad \text{mit} \quad \frac{\pi}{\ln 2} = 4,5324. \tag{8}$$

I ist bekannt, U wird gemessen, womit R_F bestimmt ist. Falls die Schicht nicht unendlich ausgedehnt ist, ergibt sich wegen des geänderten Strömungsfeldes ein von Länge und Breite der Schicht abhängiges R_F, nämlich

$$R_F = c\frac{U}{I}$$

mit c aus den Bildern 9a und 9b [2]. Der Faktor c wird mit Hilfe einer konformen Abbildung des Strömungsfeldes in Bild 8b in das Innere eines Rechtecks gewonnen.

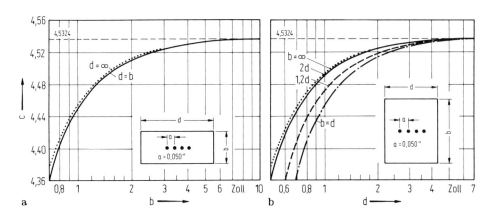

Bild 9. Faktor c für den Flächenwiderstand $R_F = c\,U/I$ aus Vierpunktmessung mit der eingezeichneten Elektrodenlage und Elektrodenabstand a. (Thin Film Technology, Berry, Hall, Harris, van Nostrand 1968).

Die im Widerstand R, welcher die Substratfläche A_R einnimmt, umgesetzte Leistung P darf nicht zu groß werden. Eine unzulässig starke Erwärmung würde den Widerstand zu stark ändern und könnte sogar zur Ablösung oder Zerstörung der

2.1 Ohmwiderstände

Schicht führen. Der vorgeschriebene Höchstwert für die Leistung pro Fläche ist

$$q = \frac{I_{max}^2 R}{A_R}, \qquad (9)$$

woraus

$$A_R = \frac{I_{max}^2 R}{q} \qquad (10)$$

folgt. I_{max} ist der maximale Effektivwert des durch R fließenden Stroms; q hängt, wie später erläutert wird, vom Substratmaterial ab. (10) gibt den benötigten Flächenbedarf an. Zur Dimensionierung benötigt man die Bahnbreite w des Mäanders

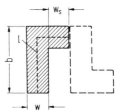

Bild 10. Mäanderbögen.

bei gegebenen A_R, R und R_F. Für A_R gilt, wenn auch der Spalt des Mäanders in Bild 10 zu A_R gerechnet wird,

$$A_R = b(w + w_s) z, \qquad (11)$$

wobei z die Zahl der in Bild 10 voll ausgezogenen Mäanderteile der Breite $w + w_s$ ist. Aus (11) folgt

$$z = \frac{A_R}{b(w + w_s)} . \qquad (12)$$

Für R in (5) folgt mit $l = (b + w_s) z$, z in (12) und $b \gg w_s$

$$R = R_F \frac{A_R}{w^2(1 + w_s/w)}, \qquad (13)$$

woraus sich

$$w^2 = \frac{R_F}{R} \frac{A_R}{1 + w_s/w} \qquad (14)$$

ergibt.

I.a. wählt man $w/w_s = 1$; für $w_s = 0$ erhält man den Bandwiderstand, für den (14)

$$w^2 = \frac{R_F}{R} A_R \qquad (15)$$

liefert. Für A_R aus (10), ein gegebenes R_F und ein freigewähltes w_s/w liefert (14) die Bahnbreite des Mäanders. Die Zahl der Mäanderbögen ergibt sich für ein frei gewähltes b aus (12). Für einen Bandwiderstand gewinnt man w aus (15) und die Länge l aus

$$l = \frac{A_R}{w} . \qquad (16)$$

Falls sich ein schlecht realisierbares w ergibt, das nicht in den Schranken der Tabelle 2 liegt, muß R_F geändert werden.

Eine untere Schranke für realisierbare R_F ergibt sich aus dem gesamten Widerstand $R_{ges} < nR_F$ mit $n \approx 50\,000$, der mit ausreichender Ausbeute noch auf einem Substrat unterzubringen ist. Es gilt damit

$$R_F > \frac{R_{ges}}{n} .$$

2.1.2 Leitungsmechanismen

Schichtwiderstände bestehen in der Regel aus metallischen oder halbleitenden Materialien. Erstere haben einen positiven, letztere einen negativen TK.

Metalle besitzen eine Kristallstruktur. Einige Beispiele sind in den Bildern 11a bis d dargestellt. Das in der Dünnschichttechnik häufig verwendete Ta ist als massives Material (bulk material) kubisch raumzentriert. Als dünne Schicht kann es z.B. als sog. β-Ta auch tetragonal kristallisieren. In der Regel bestehen Schichten aus Kristalliten, d.h. aus einzelnen Kristallen mit unterschiedlicher geometrischer Orientierung, wie in Bild 12 dargestellt ist. Diese polykristallinen Materialien haben Korngrenzen, an denen sich Fremdstoffe und Verunreinigungen ablagern. Als Folge davon haben solche Schichten ein anderes physikalisches Verhalten als Einkristalle oder massives Material. Polykristalline Schichten aus kubisch raumzentriertem Ta heißen α-Ta.

Ein elektrischer Strom in Metallen kommt durch die Bewegung von freien Elektronen zustande. Der spezifische Widerstand ρ ist, wie z.B. in [15] hergeleitet wird,

$$\rho = \frac{1}{nqb} , \qquad (17)$$

wobei n die Zahl der freien Elektronen pro cm^3, q die elektrische Ladung eines Elektrons (q = -1,6 · 10^{-19}As) und b die Beweglichkeit der Elektronen in cm^2/Vs

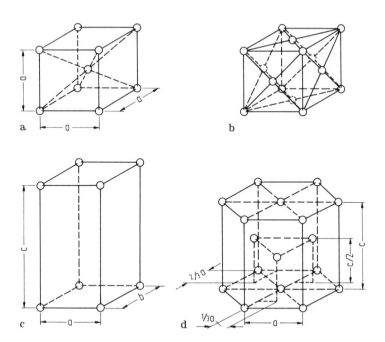

Bild 11a-d. Kristallgitter. a) kubisch raumzentriert (krz), z.B. massives Ta mit a = 0,33 nm und α - Ta; b) kubisch flächenzentriert (kfz), z.B. Al; c) tetragonal, z.B. β - Ta; d) hexagonal (dichte Packung), z.B. Cu und Ta$_2$N.

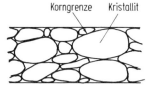

Bild 12. Kristallite einer Schicht.

(b < 0 bei Elektronen) sind. Die Beweglichkeit ist die Proportionalitätskonstante in

$$v_D = bE , \qquad (18)$$

worin v_D die Driftgeschwindigkeit der Elektronen im elektrischen Feld E ist. Mit (18) ergibt sich

$$\rho = \frac{E}{nqv_D} . \qquad (19)$$

v_D stellt sich als Gleichgewicht ein zwischen der Beschleunigung durch E und der Bremskraft durch Stöße der Elektronen an den Gitteratomen. Bei $E < 0$ ist

$$v_D > 0 . \qquad (20a)$$

Dieser Fall wird im folgenden unterstellt. Mit steigender Temperatur T nehmen die Amplituden der Schwingungen des Kristallgitters zu und bremsen die Elektronen stärker ab, wobei mit einer Konstanten K_D und T in K näherungsweise

$$v_D = \frac{K_D}{T} , \qquad K_D > 0 \qquad (20b)$$

gilt. Metalle geben schon bei sehr tiefen Temperaturen T ihre lose an den Kern gebundenen Elektronen ab. Auch bei höheren Temperaturen werden keine weiteren Elektronen freigesetzt, da die zugeführte Energie zur Anhebung über die Potentialschwelle nicht ausreicht. Es ist daher

$$n = K_0 \neq f(T) . \qquad (21)$$

Mit (20b) und (21) ergibt (19)

$$\rho = \frac{E}{q} \frac{T}{K_D K_0} \quad \text{mit} \quad \frac{E}{q} > 0 \text{ bei } E < 0 \qquad (22)$$

und

$$\frac{d\rho}{dT} = \frac{E}{q} \frac{1}{K_D K_0} = K' > 0 , \qquad (23)$$

wobei K' eine Konstante ist. (23) gilt auch für $E > 0$, wofür dann aus (20) $K_D < 0$ folgt. (23) ist ein Kennzeichen von Metallen. $\rho(T)$, bezogen auf den Wert bei $T = 0°C$, ist in Bild 13 für einige Metalle eingetragen.

Bei metallischen, aus Kristalliten aufgebauten Schichten gilt

$$\rho = \rho_M + \rho_K , \qquad (24)$$

wobei ρ_M der spezifische Widerstand des massiven Materials und ρ_K der von den Korngrenzen und deren Verunreinigungen herrührende Anteil ist [2, 11]. Bei sehr dünnen Schichten mit einer Dicke von weniger als 50 nm enthält ρ_K zusätzlich die Widerstandserhöhung, welche von der engen Berandung des leitfähigen Volumens ausgeht. ρ_K ist seiner Natur nach nahezu unabhängig von der Temperatur, d.h.

$$\frac{d\rho_K}{dT} = 0 , \qquad \rho_K = \text{const,} \qquad (25)$$

2.1 Ohmwiderstände

während ρ_M sich gemäß (23) verhält. Der Inhalt von (24) und (25) heißt Matthiessensche Regel. Bild 14 zeigt u.a. $\rho(T)$ für massives Ta mit $\rho_K = 0$ und für aufgedampfte und aufgestäubte Schichten, bei denen $\rho_K \neq 0$ ist. Wegen ρ_K haben Schichten stets einen höheren spezifischen Widerstand als derselbe Stoff aus massivem Material.

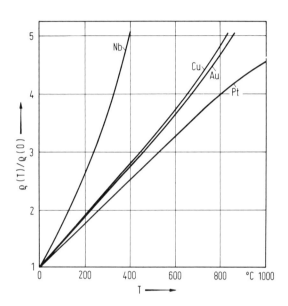
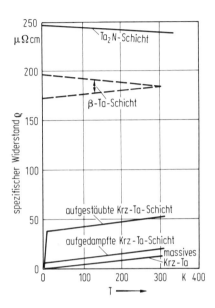

Bild 13. Temperaturabhängigkeit von ρ bei Metallen.

Bild 14. Temperaturabhängigkeit von ρ bei dünnen Schichten.

Bei Halbleitern tritt mit steigender Temperatur ebenfalls die bei Metallen beschriebene Abnahme von v_D auf, der überwiegende Effekt ist jedoch die Zunahme der freien Elektronen, d.h.

$$\frac{dn}{dT} > 0 , \qquad (26)$$

da hier die zugeführte Energie ausreicht, weitere Elektronen ins Leitungsband zu heben. Wegen (26) ist dann mit (17)

$$\frac{d\rho}{dT} < 0 , \qquad (27)$$

ein Kennzeichen der Halbleiter. In Bild 14 verhalten sich Ta_2N und einige Schichten aus β-Ta wie Halbleiter.

Der spezifische Widerstand kann durch Einbau von Fremdatomen ins Gitter geändert werden. Durch die dichtere Besetzung mit Atomen kann dabei der Widerstand zunehmen. Falls die Fremdatome das Gitter aufweiten oder Elektronen abgeben, ist auch eine Abnahme von ρ möglich. In Abhängigkeit vom Einbau der Fremdatome können sich unterschiedliche Gitterstrukturen ausbilden, was ρ ebenfalls beeinflußt. In der Dünnschichttechnik werden in Ta-Schichten vornehmlich N_2 oder O_2 eingebaut. Bild 15 zeigt hierfür ρ in Abhängigkeit vom Partialdruck p_{N_2} des beim Aufstäuben anwesenden Stickstoffs. Bei niederem p_{N_2} werden N-Atome als Dotierungen auf Zwischengitterplätzen eingebaut, wobei β-Ta und α-Ta entstehen. Bei höherem p_{N_2} treten die Verbindungen Ta_2N und TaN auf. Diese Mischphase enthält mit steigendem p_{N_2} immer mehr TaN.

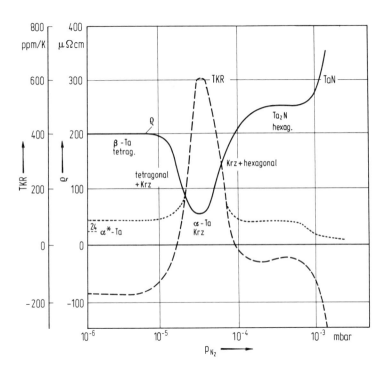

Bild 15. ρ und TKR bei Ta-Schichten als Funktion des Partialdruckes von N_2.

2.1.3 Temperaturkoeffizient (TK)

Für einen Widerstand R(T) auf der Temperatur T gilt

$$R(T) = R(T_0)[1 + \vartheta(T - T_0)] . \qquad (28)$$

Dabei ist T_0 eine Ausgangstemperatur, z.B. die Zimmertemperatur und ϑ der TK. Aus (28) folgt, falls ϑ von T nicht abhängt,

2.1 Ohmwiderstände

$$\frac{dR(T)}{dT} = R(T_0) \cdot \vartheta$$

und

$$\vartheta = \frac{1}{R(T_0)} \frac{dR(T)}{dT} = \frac{1}{\rho(T_0)} \frac{d\rho(T)}{dT} . \qquad (29)$$

ϑ wird i.a. in ppm/K[1] gemessen. Bei Metallen ist gemäß (23) $\vartheta > 0$. In Bild 15 ist für die Annahme $d\rho/dT = \text{const} > 0$ ϑ gemäß (29) zum zugehörigen ρ als punktierte Kurve eingetragen. Die gemessenen ϑ-Werte sind gestrichelt verzeichnet. Der Übergang zu negativen ϑ-Werten tritt auf, weil β-Ta, Ta_2N und TaN Halbleiter mit $d\rho/dT < 0$ sind. Bild 15 und Tabelle 4 geben wesentliche Eigenschaften von aufgestäubten Ta-Schichten wieder. Das dort verzeichnete α^*-Ta entsteht bei $p_{N_2} = 0$ und äußerst hoher Reinheit der Sputterkammer; sein ρ ist nahe dem des massiven Tantal. Dünne Schichten haben wegen ihres gemäß (24) höheren ρ einen wegen (29) kleineren TK als massives Material. Die Veränderung von ρ ist eine Möglichkeit, einen vorgeschriebenen TKR zu erzeugen.

Tabelle 4. Eigenschaften von Modifikationen des Ta

	ρ in $\mu\Omega$cm	TKR in ppm/K	Struktur	Gitterkonstante in nm
bulk Ta	13	3800	krz	a = 0,33 (0,330)
α^* - Ta	25	1800	krz	a = 0,33
α - Ta	24 ... 50	500 ... 1800	krz	a = 0,33 (0,332)
β - Ta	180 ... 220	- 200 ... + 100	tetrag.	a = b = 0,53; c = 1,0
Ta_2N	250	- 50	hexag.	a = b = 0,3; c = 0,5
TaN	> 250	< - 50	krz?	?

2.1.4 Spannungskoeffizient

Ein elektrisches Feld in einem Schichtwiderstand kann z.B. durch Kräfte auf die Korngrenzen eine Widerstandsänderung hervorrufen [9]. Der Widerstand R(U) bei einer Gleichspannung U ist

$$R(U) = R(0)(1 + f(U)) \qquad (30)$$

mit

$$\frac{dR(U)}{dU} = R(0) \frac{df(U)}{dU}$$

und

$$\frac{df(U)}{dU} = S(U) = \frac{1}{R(0)} \frac{dR(U)}{dU} . \qquad (31)$$

---

[1] 1 ppm (part per million) = 10^{-6}.

Dabei beschreibt f(U) die Spannungsabhängigkeit. S(U) ist der Spannungskoeffizient. Ein typischer Wert bei Dickschichtwiderständen der Länge l = 1 cm ist $S(U)/l \approx -30$ ppm/Vcm ein relativ großer Wert, da sich Partikel und Korngrenzen des leitenden Materials in der Glasfritte verschieben lassen. Darüber hinaus können Elektronen mit steigender Feldstärke Korngrenzen immer leichter überwinden, was ebenfalls zu S(U) beiträgt. Der von der Glasfritte abhängige Effekt fällt bei Dünnschichtwiderständen weg, weshalb S(U) dort kleiner ist. Ein typischer Wert ist hier $S(U)/l = 2$ ppm/Vcm.

2.1.5 Rauschzahl

Ein Schichtwiderstand R liege an einem Nutzsignal u(t), das nach Bild 16 den Strom i(t) hervorruft. Zum Signal mögen die Effektivwerte u_{eff} und i_{eff}, woraus

$$u_{eff}^2 = i_{eff}^2 R \tag{32}$$

folgt, und die "Signalleistung"

$$N_S = u_{eff}^2 \tag{33}$$

gehören. Die durch i hervorgerufene Erwärmung verschiebt, insbesondere bei Dickschichtwiderständen, die Lage der leitenden Partikel, was zu Schwankungen der Leit-

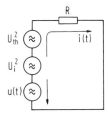

Bild 16. Rauschquellen u_{th} und u_i eines Schichtwiderstands R.

fähigkeit und damit zu Stromrauschen führt. Diese Erscheinung wird manchmal "Wackelkontakteffekt" genannt. Der Effekt ist bei Dünnschichtwiderständen unerheblich. Aus Messungen folgt das Leistungsdichtespektrum des Stromrauschens zu

$$S_i(f) = \frac{B}{2} \frac{i_{eff}^2 R^2}{f},$$

wobei f die Frequenz und B eine für den Widerstand charakteristische Konstante sind [9]. Die zugehörige, zwischen den Frequenzen $f_1 < f_2$ auftretende Rauschlei-

2.1 Ohmwiderstände

stung ist gemäß (33)

$$N_i = u_i^2 = 2 \int_{f_1}^{f_2} S_i(f)df = B\, i_{eff}^2 R^2 \ln f_2/f_1 \,. \tag{34}$$

Eine weitere Rauschquelle ist das thermische Widerstandsrauschen mit dem Leistumgsspektrum [16]

$$S_{th}(f) = 2RkT \,,$$

wobei $k = 1{,}37 \cdot 10^{-23}$ Ws/K die Boltzman-Konstante ist. Die zugehörige Rauschleistung ist

$$N_{th} = u_{th}^2 = 2 \int_{f_1}^{f_2} S_{th}(f)df = 4RkT\,\Delta f \tag{35}$$

mit $\Delta f = f_2 - f_1$. Die gesamte Rauschleistung N_R ist bei unabhängigen Rauschquellen

$$N_R = N_i + N_{th} \,. \tag{36}$$

Die Rauschzahl A eines Widerstands ist definiert [17] als

$$A = 10\log \frac{\text{Rauschleistung } N_R \text{ in einer Frequenzdekade}}{\text{Signalleistung } N_S \text{ des Nutzsignals}}$$

Dabei werden Spannungen nach [17] bei den Rauschleistungen in μV und bei der Signalleistung in V eingesetzt. Daraus ergibt sich mit (33) bis (36)

$$A = 10\log \frac{[4RkT(f_2 - f_1) + B\, i_{eff}^2 R^2 \ln f_2/f_1]\cdot 10^{12}}{u_{eff}^2} \tag{37}$$

mit $f_2 = 10 f_1$. Wegen des Faktors 10^{12} muß man auch im Zähler von (37) nun wieder mit V rechnen. Mit dem Faktor 10^{12} ist es durchaus möglich, daß $A > 0$ wird. Bei Dickschichtwiderständen mit $N_i \gg N_{th}$ folgt daraus mit (32) und $f_2/f_1 = 10$

$$A = 10\log(B \ln 10) + 120 \,, \tag{38}$$

während bei Dünnschichtwiderständen, wo $N_{th} \gg N_i$ gilt,

$$A = 20\log 6 \frac{\sqrt{RkT f_1}}{u_{eff}} + 120 \tag{39}$$

wird, eine Zahl, die wesentlich kleiner ist als der für Dickschichtwiderstände geltende Wert in (38).

Ein sehr häufig verwendetes Meßgerät[1] mißt N_R mit einem Bandpaß, dessen Durchlaßbereich von 618 Hz bis 1618 Hz reicht. Damit erhält man aus (37) mit $N_i \gg N_{th}$

$$A_{Quantec} = 10 \log B \ln \frac{1618}{618} \approx 10 \log B \;,$$

so daß A in (38) sich zu

$$A = A_{Quantec} + 10 \log \ln 10 + 120 = A_{Quantec} + 3,628 + 120$$

ergibt. Die additive Konstante ist in die Quantec-Skala eingeeicht. Typische Werte sind bei Dickschichtwiderständen A = -30 bis +20 dB und in der Dünnschichttechnik A = < -40 dB.

2.2 Kondensatoren

Ein Schichtkondensator nach Bild 2 hat die Kapazität

$$C = \varepsilon_0 \varepsilon_r \frac{ab}{d} \;, \tag{40}$$

wobei $\varepsilon_0 = 8{,}85 \cdot 10^{-14}$ As/Vcm die absolute und ε_r die relative Dielektrizitätskonstante sowie

$$\overline{C} = \frac{C}{ab} = \varepsilon_0 \varepsilon_r \frac{1}{d} \tag{41}$$

die Flächenkapazität sind. Die Ersatzschaltung eines Schichtkondensators [2] zeigt Bild 17, in dem R_d die dielektrischen Verluste und R_L den Widerstand von Elektroden und Zuleitungen repräsentieren. Die Zweipolimpedanz ist

$$Z(j\omega) = R_L + \frac{R_d}{1 + (\omega R_d C)^2} + \frac{1}{j\omega C \left[1 + \left(\frac{1}{\omega R_d C}\right)^2\right]} \;, \tag{42}$$

woraus der Verlustfaktor

$$\tan \delta = \left| \frac{\operatorname{Re} Z(j\omega)}{\operatorname{Im} Z(j\omega)} \right| \approx \omega C R_L + \frac{1}{\omega C R_d} \tag{43}$$

folgt. In (43) wurde $\omega R_d C \gg 1$ angenommen. Bild 18 zeigt $\tan \delta(\omega)$.

---

[1] Fabrikat Quantec.

2.2 Kondensatoren

$$\tan\delta_1 = \omega C R_L \qquad (44)$$

ist der vom Serienwiderstand herrührende und bei hohen Frequenzen dominierende,

$$\tan\delta_2 = \frac{1}{\omega C R_d} \qquad (45)$$

der auf die dielektrischen Verluste entfallende und bei tiefen Frequenzen vorherrschende Anteil. Typische Werte für $\tan\delta$, gemessen bei 1 kHz, sind $3 \cdot 10^{-4}$ bei

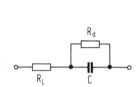

Bild 17. Ersatzschaltung eines Schichtkondensators.

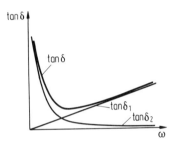

Bild 18. Der Verlustfaktor $\tan\delta$ für Schichtkondensatoren.

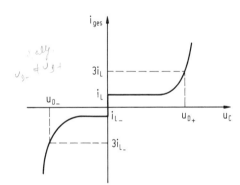

Bild 19. Strom i_{ges} durch einen Dünnschichtkondensator in Abhängigkeit von der Spannung u_c.

Dünn- und Dickschichttechnik, wobei für letztere verlustarme Pasten eingesetzt wurden. Weitere Kennzeichen eines Kondensators sind Leckstrom i_D und Durchbruchspannung u_D. Legt man an einen Kondensator die linear ansteigende Spannung $u_c = m_0 t$, dann erscheint wegen $i_L = C\, du_c/dt$ zunächst der Ladestrom $i_L = C m_0 = $ const, bis wegen größer werdendem u_c ein zusätzlicher Leckstrom i_D durch das Dielektrikum fließt. Bild 19 zeigt den Gesamtstrom

$$i_{ges} = i_L + i_D$$

in Abhängigkeit von u_c. Eine ersatzweise zerstörungsfreie Durchbruchspannung u_{D+} wird dort angesetzt, wo $i_{ges} = 3i_L$ ist. Dasselbe Experiment mit negativem u_c erbringt eine Durchbruchspannung u_{D-}. Für $u_{D-} \neq u_{D+}$ ist der Kondensator polar, was in der Dünnschichttechnik, nicht aber in der Dickschichttechnik auftreten wird. Die Bilder 20a bis f zeigen Bauformen für Dünnschichtkondensatoren.

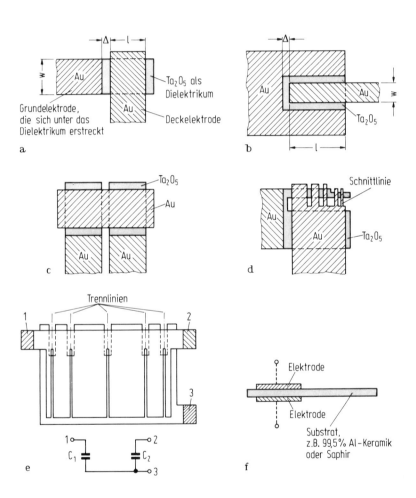

Bild 20a-f. Bauformen von Dünnschichtkondensatoren. a) mit Querkontaktierung; b) mit niederohmiger Grundelektrode zur Verminderung des Verlustfaktors; c) aus Serienschaltung polarer Kondensatoren erzeugter nicht polarer Kondensator; d) Anordnung mit Möglichkeit zum Grobabgleich durch Auftrennen an der Schnittlinie; e) Anordnung für in Stufen einstellbares Verhältnis C_1/C_2 durch Auftrennen an einer der Trennlinien; f) Kondensator für HF- und für Mikrowellentechnik mit Substrat als Dielektrikum.

2.3 Spulen

Die häufigste Bauform ist die spiralige Flachspule gemäß Bild 4, die auf Substrate, z.B. durch Siebdruck oder durch Verdampfen, aufgebracht wird. Die Induktivität ist mit guter Näherung und den in Bild 4 angegebenen geometrischen Daten [18]

$$L = \frac{(\pi n D)^2}{a + 0,45 D} 10^{-9} \qquad (46)$$

in H, wenn D und a in cm eingesetzt werden, mit

$$D = \frac{d_a + d_i}{2}, \qquad a = \frac{d_a - d_i}{2} ;$$

n ist die Windungszahl.

Der Ohmwiderstand der Spirale ist

$$R = \frac{\pi R_F n^2 D}{ga}, \qquad (47)$$

wobei R_F der Flächenwiderstand der Leiterbahn und $g = w/h$ die Ganghöhe der Spirale sind. Die Spulengüte bei tiefen Frequenzen, wo Wirbelströme noch keine Rolle spielen, ist

$$Q = \frac{\omega L}{R} = \frac{\pi \omega D g}{R_F (1 + 0,45 D/a)} \cdot 10^{-9} . \qquad (48)$$

Bei $R_F = 0,3 \cdot 10^{-3} \Omega/\square$ ($\rho_{cn} = 1,68 \mu\Omega cm$, Dicke der Leiterbahn $d = 50 \mu m$), $d_a = 2,5 cm$, $d_i = 1 cm$, $\omega = 2\pi \cdot 10^6$ 1/s und $g = 1/2$ ergibt sich $Q = 25$. Diese niedrige Güte ist kennzeichnend für Spulen in Schichttechnik. Sie kann für $g \to 1$ erhöht werden. Wählt man $w = 150 \mu m$ und brennt man einen $15 \mu m$ breiten Spalt zwischen den Windungen mit einem Laser aus, so erhält man $g = 0,86$ und $Q = 34$.

Eine weitere Möglichkeit, die Güte zu steigern, bietet das Einbetten der Flachspule in eine Hülle von siebgedrucktem Ferritmaterial. Die Schwierigkeit dabei ist, mit der Mischung von Ferrit- und Glaspulver eine ausreichende Permeabilität zu erzielen. In der HF- und in der Mikrowellentechnik werden Spulen eingesetzt, die aus einer geradlinigen, gekrümmten oder mäanderförmigen Leiterbahn bestehen. Mikrowellenübertrager lassen sich durch parallel laufende, voneinander isolierte Leiterbahnen bauen, die durch Magnetfelder miteinander gekoppelt sind.

2.4 Verteilte RC-Bauteile

Verteilte homogene RC-Bauteile lassen sich als Schichtschaltung nach Bild 5a aufbauen. Die Ersatzschaltung mit dem Widerstandsbelag dR und dem Kondensatorbelag dC zeigt Bild 5b. Für den Abgleich ist nur noch die oben liegende Deckelektrode des Dielektrikums zugänglich, deren Fläche durch Abbrennen mit dem Laser verkleinert werden kann. Bei diesem Abgleich besteht die Gefahr, daß der Laser einen Kurzschluß im Dielektrikum erzeugt, weshalb der Abgleich an Widerständen vorgezogen wird. Die umgekehrte Struktur mit oben liegenden Widerständen eignet sich zwar für den Abgleich, ist jedoch in der Dünnschichttechnik nicht brauchbar, da beim Aufstäuben des Widerstandes die dielektrische Schicht durch Bombardement mit Ta-Atomen zerstört wird.

Zum Abgleich an Widerständen wurde in [19, 20] die Struktur von Bild 21 vorgeschlagen. Die langen parallelen Mäanderlinien stellen die verteilten Elemente und die vom Dielektrikum nicht bedeckten Mäanderbögen diskrete Ohmwiderstände dar. Letztere sind für den Abgleich zugänglich. Die Ersatzschaltung in Bild 22 besteht sowohl aus verteilten als auch aus im Werte kleinen diskreten Elementen und bildet somit hinreichend genau ein verteiltes Element nach. Eine Analyse [20] zeigt, daß sich durch Erhöhen der diskreten Widerstände Schaltungen abgleichen lassen.

Verteilte Elemente mit inhomogenem Widerstands- und Kapazitätsbelag sind derzeit nur mit unbrauchbarer Genauigkeit realisierbar.

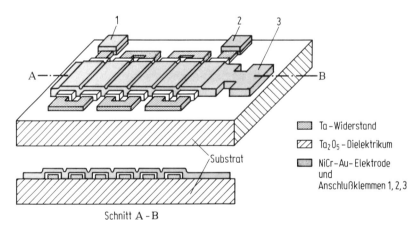

Bild 21. Abgleichbare RC-Leitung (nach [20]).

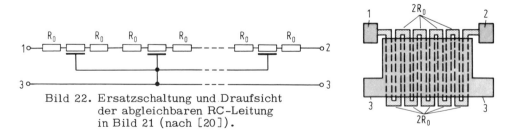

Bild 22. Ersatzschaltung und Draufsicht der abgleichbaren RC-Leitung in Bild 21 (nach [20]).

3 Substrate

Als Träger für Schaltungen werden isolierende Materialien wie Glas, polykristalline Al_2O_3-Keramik mit 94 bis 99,6% Al-Gehalt und für Sonderfälle Al_2O_3-Einkristalle (Saphir) sowie polykristallines Beryllium verwendet. Die Al-Keramik wird aus einer Mischung von Al_2O_3- und Glas-Pulver durch Sintern bei maximal 1500°C hergestellt. Die Eigenschaften nach dem Sintern werden mit dem Zusatz "as fired" bezeichnet. Eine glattere Oberfläche erhält man durch Polieren. Neben diesen festen Substraten setzen sich biegsame Substrate, sogenannte Folien z.B. aus Polyimid, immer stärker durch. Die Halbleitertechnik benützt Si- oder Saphir-Einkristalle als Substrate.

3.1 Kenngrößen für Substrate

Die wichtigsten Kenngrößen, für die man in Tabelle 5 Zahlenwerte findet, sind die folgenden [2, 9, 21, 22]:

3.1.1 Rauhigkeit der Oberfläche

Sie ist der Abstand vom tiefsten zum höchsten Punkt des Oberflächenprofils. Eine zu große Rauhigkeit setzt sich als Dickenschwankung in der aufgebrachten Schicht fort und führt bei Widerständen und Kondensatoren zu Abweichungen von den Sollwerten. In dielektrischen Schichten treten an zu dünnen Stellen Durchbrüche auf. Für Dünnschichtwiderstände ist i.a. eine Rauhigkeit von weniger als 250 nm ausreichend, während Dünnschicht-Kondensatoren eine Rauhigkeit von weniger als 25 nm erfordern. Dieser kleine Wert wird z.B. bei 96%-Al-Keramik nicht erreicht und muß durch Polieren oder durch teilweises oder ganzflächiges Beschichten mit einer Glasschicht (Glasieren) hergestellt werden.

Tabelle 5. Eigenschaften von Substraten

	Fenster-glas	Corning-Glas 7059	96%-Al-Keramik	99,5%-Al-Keramik	Saphir (Einkrist.)	Beryllium 98%Ber-Keramik
Rauhigkeit in nm	25	< 25	1500	10000[a] ... 250[b]	< 25	525
Erweichungs-Temp. in °C	696	872	1650	2040	2040	1600
therm. Ausd.-Koeff. in ppm/K	9,2	4,5	6,4	6,0	6,0	6,1
therm. Leitfähigkeit in W/cmK	0,0096	0,0125	0,35	0,37	0,42	2,1
ρ bei 30°C in Ωcm	$10^{5,6}$	$10^{12,4}$	10^{10}	$>10^{10}$	$>10^{10}$	$10^{13,8}$
ε_r bei 1 MHz	6,9	5,8	9,3	9,1	9,4 ... 11,5[c]	6,3
tan δ bei 1 MHz und 25°C	$10 \cdot 10^{-3}$	$1,1 \cdot 10^{-3}$	$2,8 \cdot 10^{-3}$	$<10^{-4}$	$<10^{-4}$	$6 \cdot 10^{-3}$

[a] Nach Einbrennen ("as fired")
[b] Poliert.
[c] Richtg. abhg.

3.1 Kenngrößen für Substrate

3.1.2 Wölbung der festen Substrate

Die Wölbung des Substrates (englisch camber) erschwert die Abbildung der Struktur von einer Maske auf das Substrat. Ein Maß für sie ist mit den Erklärungen in Bild 23 d_0/D, wofür bei Glas und Keramik Werte von 0,1 bis 0,4 % ausreichend sind.

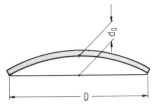

Bild 23. Wölbung eines Substrates.

3.1.3 Porenarme Oberfläche

Damit die Oberfläche möglichst wenig feste Verunreinigungen und adsorbierte Gase enthält, sollte sie porenarm und feinkörnig sein. Korngrößen von 1 µm und dazugehörige Rauhigkeiten von 0,5 µm werden als ausreichend angesehen. Eine besonders feinkörnige Oberfläche mit einer Rauhigkeit von 0,1 µm hat 99,6 %-Al-Keramik, die den Handelsnamen "Superstrate" führt.

3.1.4 Thermischer Ausdehnungskoeffizient

Der Ausdehnungskoeffizient von Substraten $\tau = (\Delta l/l)\, 1/K$, wobei l die Länge ist, sollte ungefähr gleich dem der Schichtmaterialien in Tabelle 6 sein, damit zu große thermische Spannungen und Risse vermieden werden.

Tabelle 6. Thermischer Ausdehnungskoeffizient τ einiger Materialien

	Al	Cu	Au	Pt	Ta	dielektr. Pasten
τ in ppm/K	20	14,5	14,2	12	6,5	5,5...7,5

3.1.5 Thermische Leitfähigkeit (Wärmeabfuhr)

Für die von der Fläche A auf einem Substrat der Dicke d durch das Substrat abgeführte Leistung P gilt

$$P = \nu \frac{A}{d}(T - T_0), \tag{49}$$

wobei

$$\nu = \frac{Pd}{A(T - T_0)} \tag{50}$$

in W/(cmK) die thermische Leitfähigkeit des Substrates, T_0 die Temperatur der unteren Substratfläche und T die der Substratoberfläche sind. Die Ableitung der Wärme von der Oberfläche direkt an Luft wird dabei vernachlässigt. Läßt man eine Temperaturerhöhung $\Delta T = T - T_0$ zu, so führt (50) zu dem in (9) definierten Wert

$$q = \frac{P}{A} = \frac{\nu \Delta T}{d} . \qquad (51)$$

Aus q ergibt sich in (10) der für Widerstände benötigte Flächenbedarf $A = A_R$.

Beryllium hat nach Tabelle 5 eine hohe thermische Leitfähigkeit ν, ist aber teuer und giftig und wird deshalb selten verwendet.

3.1.6 Resistenz gegen Ätzmittel

In der Dünnschichttechnik werden Ätzmittel verwendet, welche Glas-, nicht aber Keramiksubstrate, angreifen. Die Ätzrate r von zweien der wichtigsten Ätzmittel ist bei Glas

r = 0,74 nm/s bei 5 % NaOH und

r = 20 nm/s bei 1 Volumenteil Flußsäure (HF) und 2 Volumenteilen Salpetersäure (HNO_3).

Glas muß daher bei Verwendung von HF durch einen ätzresistenten Überzug, eine sogenannte Ätzstopschicht, geschützt werden, die meist aus Ta_2O_5 in einer Dicke von ca. 200 bis 400 nm besteht. In der Dickschichttechnik muß i.a. nicht geätzt werden.

3.1.7 Chemische Stabilität

Die Haftfestigkeit und Langzeitstabilität elektrischer Schichten werden in der Regel beeinträchtigt, falls Ionen aus dem Substrat in die Schicht diffundieren. Preiswertes Fensterglas, das aus SiO_2, Na_2O, Al_2O_3, CaO und MgO besteht, kann wegen der Diffusion von Na-Ionen nur bei Schaltungen mit mäßigen Ansprüchen an die Langzeitstabilität verwendet werden. Der Einsatz einer Ätzstopschicht aus Ta_2O_5 wirkt als schwache Diffusionsbarriere, womit auch Na-haltige Gläser brauchbar werden. Eine weitere Abhilfe ist die Verwendung von Na-freiem Glas[1], das sich aus SiO_2, BaO, Al_2O_3 und B_2O_3 zusammensetzt. Keramiksubstrate sind i.a. chemisch nicht aktiv.

---

[1] Z.B. Fabrikat Corning 7056.

3.1.8 Verlustfaktor des Substrates als Dielektrikum

99,5%-Al-Keramik und Saphir haben einen kleinen Verlustfaktor $\tan\delta$ und werden deshalb in HF-Schaltungen gemäß Bild 6a, b, c und Bild 20f als Dielektrikum herangezogen.

In der Dickschichttechnik wird i.a. preiswerte 96%-Al_2O_3-Keramik verwendet, während in der Dünnschichttechnik Fensterglas, Corning-Glas, 96 bis 99,5%-Al_2O_3-Keramik und Folien eingesetzt werden. Glassubstrate sind in der Dickschichttechnik nicht brauchbar, da sie wegen ihrer niedrigen Erweichungstemperatur in Tabelle 5 die übliche Einbrenntemperatur von 850°C nicht zulassen.

3.2 Substratreinigung

Verunreinigung auf der Substratoberfläche führen zu verminderter Haftung der Schichten und verschlechtern deren Langzeitkonstanz. Daher muß die Adsorption von Fremdstoffen durch chemische, mechanische oder elektrische Mittel aufgebrochen werden. Ein besonders wirkungsvolles mechanischer Mittel ist die Reinigung im Ultraschallbad. Zu den elektrischen Mitteln gehört deionisiertes Wasser, das geringe Anteile an Schmutzionen enthält, was sich in einem Widerstand von 4 bis 20 MΩ/cm ausdrückt.

Eine intensive Reinigung für Dünnschichtsubstrate besteht aus den folgenden Schritten [2]:

1. 20 bis 30 min im Ultraschallbad mit kaltem "Extran" (Glasreinigungsmittel) spülen.
2. 20 bis 30 min im Ultraschallbad mit "Extran" bei 70°C spülen.
3a. In deionisiertem Wasser abspülen oder
3b. 20 min im Ultraschallbad mit deionisiertem Wasser spülen.
4. Organische Verunreinigungen in kochendem H_2O_2-Bad entfernen.
5a. In deionisiertem Wasser abspülen oder
5b. 20 min Dauerspülung in deionisiertem Wasser.
6. 15 min Trocknen in heißem Stickstoff bei 120°C.

Darüber hinaus werden zu Beginn der Reinigung gelegentlich noch heiße Säuren (z.B. Schwefelsäure, Salzsäure) eingesetzt.

Eine sparsamere Reinigung kommt mit den folgenden Schritten aus:

1. 20 bis 30 min im Ultraschallbad mit "Extran" spülen, wobei sich das Bad auf 40 bis 50°C erwärmt.

2a. In deionisiertem Wasser mit 4 MΩ/cm abspülen oder
2b. 20 min im Ultraschallbad mit deionisiertem Wasser mit 4 MΩ/cm spülen.
3. Ca. 15 min im Ultraschallbad mit "Frigen" spülen.
4. Ca. 15 min Dampftrocknung mit "Frigen".

In der Dickschichttechnik reicht die Reinheit der angelieferten Substrate aus, falls die Oberfläche nicht berührt und staubfrei gehalten wird. Ein einfacher Test für die Qualität der Reinigung ist die Tatsache, daß sich auf einer sauberen Oberfläche ein Wassertropfen gleichmäßig verteilen oder Wasserdampf ohne Bildung eines Musters niederschlagen sollte.

3.3 Bearbeitung von Substraten

Nach dem Ritzen mit einem Diamanten oder nach dem Perforieren mit einem Laserstrahl können Al-Substrate gebrochen werden. Der Laser muß bei einer Wellenlänge arbeiten, die vom Substratmaterial absorbiert wird. Das Absorptionsvermögen einiger Stoffe zeigt Bild 24 [23]. Für Al-Keramik eignen sich der CO_2- oder der YAG-Laser. Glas sollte mit einem Diamanten geritzt werden, da es bei der Erwärmung durch einen Laser zerspringen kann.

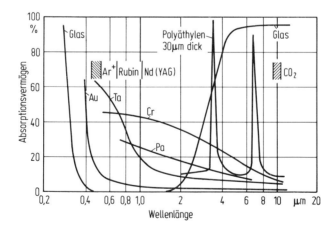

Bild 24. Absorptionsvermögen einiger Stoffe für Laserlicht in Abhängigkeit von der Wellenlänge (nach [23]).

Bohrungen und Kontaktlöcher lassen sich in Substrate durch Laser oder Ultraschallbohren einbringen. Beim Ultraschallbohren vibriert ein zylindrisches Werkzeug nach Bild 25 mit ca. 22 kHz und zertrümmert dabei das Substratmaterial. Dadurch

3.3 Bearbeitung von Substraten

können Bohrungen mit einem kleinsten Durchmesser von ca. 0,3 mm erzeugt werden. Der Bohrer kann eine Menge von ca. 50 mm^3/min zertrümmern, was durch Absaugen der Trümmer durch einen Saugstutzen auf das Fünffache gesteigert wird.

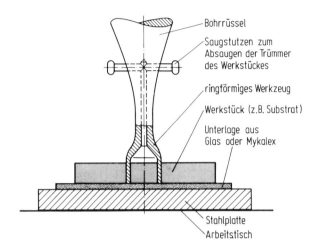

Bild 25. Ultraschallbohrer.

4 Dickschichttechnik

4.1 Das Verfahren

Die Aufgabe besteht darin, eine Schicht mit der für Leiterbahnen, Widerstände, Dielektrika oder Elektroden jeweils nötigen Struktur auf ein Substrat aufzubringen. Man verwendet das vom graphischen Gewerbe her bekannte Siebdruckverfahren [9, 13]. Dabei preßt ein bewegtes Rakel nach Bild 26 eine Paste durch die Öffnungen eines Siebes auf die Substratoberfläche. Die Paste besitzt die für die elektrischen Bauteile jeweils nötige Zusammensetzung.

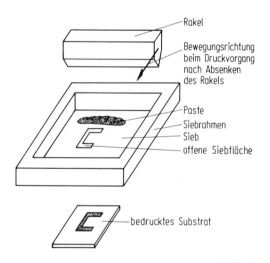

Bild 26. Siebdruck durch bewegtes Rakel.

Die Öffnungen im Sieb stellen eine Maske für die gewünschte Struktur dar. Bei der Maskenherstellung geht man von einer vergrößert aufgezeichneten oder aus einer Zweischichtfolie herausgeschnittenen Struktur, dem sogenannten Layout, z.B. für Leiterbahnen oder für dielektrische Schichten, aus, das auf einer Reduktionskamera verkleinert wird. Mit dem dabei gewonnen Film läßt sich, wie später erläutert wird, die Struktur auf das Sieb übertragen.

4.1 Das Verfahren

Ein Sieb kann aus einem engmaschigen Gitter von Stahl- oder Kunststofffäden bestehen, die auf einen Rahmen aufgespannt sind. Als Kunststoffe kommen Nylon oder Polyester in Frage. Anstelle des Drahtgitters kann auch eine Metallfolie aus Molybdän verwendet werden. Man spricht dann von einer Metallmaske. Das Gitter eines Siebes wird mit einer Emulsion oder Folie bedeckt, welche dort Fenster besitzt, wo Paste aufgedruckt werden soll. Aus der Metallfolie wird das entsprechende Fenster ausgeätzt.

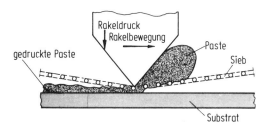

Bild 27. Off-contact-Druck mit Sieb (aus C.A. Harper).

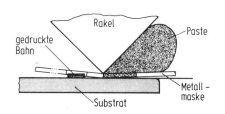

Bild 28. Off-contact-Druck mit Metallmaske (aus C.A. Harper).

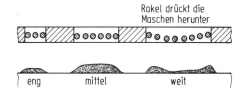

Bild 29. Abhängigkeit der gedruckten Bahn von der Öffnung in Maske (nach [9]).

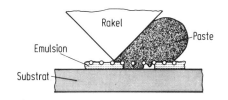

Bild 30. Kontaktdruck (aus C.A. Harper).

Bei einem ersten Druckverfahren wird das Sieb oder die Metallmaske, wie in den Bildern 27 und 28 zu sehen ist, während des Druckvorganges vom Rakel gespannt und auf das Substrat gedrückt, von wo es wieder in die Ausgangslage zurückfedert und dabei möglichst alles Pastenmaterial auf dem Substrat zurücklassen sollte. In der Ruhelage hat die Maske keinen "Kontakt" mit dem Substrat, weshalb man von "off-contact-Druck" spricht. Die Form und damit die elektrischen Eigenschaften der zurückbleibenden Paste hängen gemäß Bild 29 von der Breite des Fensters in der Maske, vom Rücksprungvorgang der Maske, von Druck und Geschwindigkeit des Rakels und vom Abstand zwischen Maske und Substrat ab. Die gewünschten elektrischen Eigenschaften der Schichten stellt man am besten experimentell durch Variation der erwähnten Parameter ein.

Beim Kontaktdruck liegt die Maske während des Druckvorgangs fest auf dem Substrat auf, wie in Bild 30 dargestellt ist. Bei Verwendung von Metallmasken ist dabei wegen der fehlenden mechanischen Deformation der Maske der Druck genauer als beim off-contact-Verfahren. Die Maske wird dabei weniger beansprucht und hat eine größere Standzeit. Der Kontaktdruck wird allerdings selten angewandt, weil das Entfernen der Maske schwieriger ist, da die ganze Fläche auf einmal nach dem Druck bei, wie später erläutert wird, geringerer Viskosität der Paste nach oben abgehoben werden muß. Bei Verwendung von Sieben verschmiert sich die Paste an den Rändern wegen der Deformation des Siebes in der Bewegungsrichtung des Rakels.

Beim off-contact-Verfahren haben Stahlsiebe eine Standzeit von ca. 20 000 Drucken, was mit Kunststoffsieben noch überschritten wird. Wegen der größeren mechanischen Stabilität erreicht man bei Stahlsieben im Gegensatz zu Kunststoffsieben schärfer definierte Kanten und größere Schichtdicken, die je nach Emulsionsdicke 25 bis 50 µm pro Druck betragen können. Der vergleichbare Wert liegt bei Kunststoffsieben im Bereich von 10 bis 20 µm pro Druck. Beim Kontaktdruck kann man zu Dicken von ca. 100 µm gelangen.

Die Herstellung einer Schaltung erfordert i.a. einen Satz verschiedener Masken, die an Hand eines RC-Netzwerkes erläutert werden. Die erste Maske enthält die Struktur für die Leiterbahnen und Grundelektroden der Kondensatoren. Der Druck erfolgt mit einer Paste für Leitermaterial, die nach dem Druck bei ca. 125°C getrocknet und i.a. bei 850°C eingebrannt wird. Die zweite Maske enthält die dielektrische Schicht. Zur Vermeidung von Löchern und Rissen im Dielektrikum empfiehlt sich ein zweimaliger Druck des Dielektrikums mit Zwischentrocknung oder gar dazwischengeschobenem Einbrand bei 850°C. Die dritte Maske liefert die Deckelektroden und die vierte Maske die bandförmigen Widerstände, wobei wiederum jeweils eine Zwischentrocknung erforderlich ist. Zum Abschluß werden alle Schichten zusammen bei 850°C eingebrannt (cofiring).

4.2 Siebe

Kunststoffäden haben einen Durchmesser von ca. 0,04 bis 0,07 mm, die Fäden von Stahlsieben sind dünner. Kunststoffsiebe besitzen damit eine kleinere offene Siebfläche für den Pastendurchgang. Die Siebe werden auf einen Rahmen von z.B. 20 × 20 cm aufgespannt. Für die verschiedenen Anwendungen sind empfehlenswert:

60 bis 80 Fäden/cm für Widerstandsmasken,
    80 Fäden/cm bei Masken für Leiterbahnen und Elektroden,
    30 Fäden/cm für Masken zum Druck von Lotpasten,
  130 Fäden/cm bei Masken für feine Linien.

Metallmasken bestehen i.a. aus Molybdän- oder Ni-Folien mit einer Stärke von 50 bis 75 µm. Die Erzeugung der Struktur in der Maske wird im nächsten Abschnitt dargestellt.

4.3 Maskenherstellung

4.3.1 Herstellung des Originals

Das "Layout" für eine Maske wird i.a. in einer ca. zehnfachen Vergrößerung aus einer "Rubilith"- oder "Mylar"-Folie hergestellt. Die Folie besteht aus zwei Schichten, einer roten fast undurchsichtigen Plastikschicht und einer transparenten Polyesterfolie. Die Plastikschicht wird teilweise ausgeschnitten und von der Polyesterfolie abgelöst, so daß transparente Flächen entstehen. Das Maskenschneiden kann von Hand geschehen, wobei auf einem von unten beleuchteten Tisch ein Messer entlang eines Lineals geführt wird. Ein typischer Wert für die erreichbare Genauigkeit sind Abweichungen von ± 0,2 mm. Genauer und bequemer arbeitet ein Koordinatograph, auf dem ein fest montiertes Messer an Präzisionszahnstangen mit einer Genauigkeit von ± 20 µm geführt wird. Die Wiedereinstellbarkeit einer Position ist mit einer typischen Abweichung von ebenfalls ± 20 µm behaftet.

4.3.2 Verkleinerung auf Reduktionskamera

Das in die Rubilith-Folie geschnittene Layout läßt sich auf einer Kamera gemäß Bild 31 verkleinern [24]. Die Folie ist in einer Objektebene aufgespannt und wird

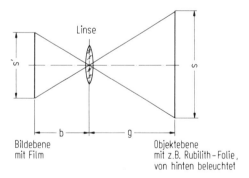

Bild 31. Verkleinerung mit Kamera.

von hinten gleichmäßig ausgeleuchtet. Die Objekthöhe s wird in die Bildhöhe s' verkleinert; die Verkleinerung ist demnach

$$m = \frac{s'}{s} . \qquad (52)$$

Aus den beiden Dreiecken in Bild 31 folgt

$$\frac{s'}{s} = \frac{b}{g} . \qquad (53)$$

Das Bild ist nach den Gesetzen der Optik scharf, wenn

$$\frac{1}{b} + \frac{1}{g} = \frac{1}{f} \qquad (54)$$

ist, wobei f die Brennweite des Objektives darstellt. Aus (52) und (53) folgt

$$b = mg, \qquad (55)$$

womit sich aus (54)

$$g = f\left(1 + \frac{1}{m}\right) \qquad (56)$$

und

$$b = mg = f(1 + m) \qquad (57)$$

ergeben.

m und f sind gegeben; die Einstellung der Kamera, d.h. b und g, erhält man dann aus (56) und (57); b und g müssen an der Kamera variabel sein.

Für f = 25 cm und m = 1/10, das sind in der Dickschichttechnik übliche Werte, müssen g = 275 cm und b = 27,5 cm sein. Ein typischer Wert für Dünnschichttechnik ist m = 1/50, woraus sich bei f = 6 cm, g = 306 cm und b = 6,12 cm ergeben.

Ein Fehler ds' in der Verkleinerung kann durch die Korrektur dg des Objektabstandes ausgeglichen werden. Aus (53) folgt durch Differenzieren

$$ds' = -\frac{sb}{g^2} dg,$$

woraus sich mit (53)

$$dg = -g \frac{ds'}{s'} \qquad (58a)$$

ergibt. Aus (54) erhält man mit (52) und (53) die zugehörige Korrektur db für die Scharfeinstellung als

$$\frac{db}{b} = -m \frac{dg}{g} \qquad (58b)$$

oder $db = -m^2 dg$. $\qquad (58c)$

Soll ein Layout der Höhe s = 50 cm auf s' = 1 cm verkleinert werden, so ist m = 1/50 und man benötigt nach dem letzten Beispiel g = 306 cm. Die Verkleinerung darf einen Fehler von z.B. ds' = 5 μm aufweisen, wofür nach (58a) g mit einer Ungenauigkeit von dg = -1,53 mm, d.h. mit dg/g = -5·10^{-4}, eingestellt werden muß. Dazu gehört nach (58c) db = +0,6 μm oder db/b = 10^{-5}. Die Einstellung von dg und db geschieht i.a.

4.3 Maskenherstellung

mit Mikrometerschrauben. Erschütterungen der Kamera würden die genaue Einstellung stören und können, falls nötig, durch einen soliden Zementsockel mit Schwingungsdämpfern unter der Kamera herabgesetzt werden. Temperatur- und Feuchteeinflüsse werden durch Klimatisierung des Kameraraums vermieden.

4.3.3 Filme

Die Transparenz T eines entwickelten Films [25] ist

$$T = \frac{I_2}{I_1},$$

wobei I_1 die Intensität des einfallenden und I_2 die des durchgelassenen Lichtes ist. Die Schwärzung S ist definiert als $S = \log(1/T)$. Sie ist abhängig von der Belichtung $E = It$, worin I die Intensität und t die Zeitdauer des bei der Belichtung des Filmes

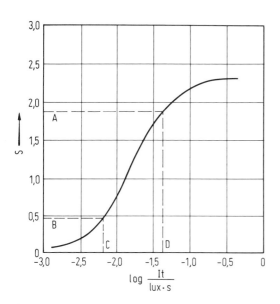

Bild 32. Schwärzungskurve eines Films (nach [25]).

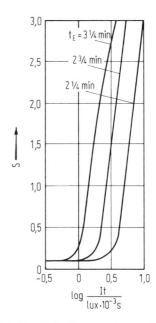

Bild 33. Schwärzungskurve beim Kodak-Ortho-Film Typ 3 (nach [26]).

einfallenden Lichts ist. Die Abhängigkeit $S = f(\log E)$, eines typischen Films stellt Bild 32 dar. Man arbeitet im nahezu linearen Teil der Kurve, damit It möglichst getreu in eine Schwärzung abgebildet wird. Um in den linearen Bereich zu gelangen, ist oft eine Vorbelichtung empfehlenswert. Die Steigung $\overline{AB}/\overline{CD}$ in Bild 32 heißt Kontrastfaktor oder Gradient, der bei empfindlichen Filmen groß ist. Ein Film mit kleinerem Kontrastfaktor läßt viele Grauwerte zu und heißt "line"-Film. Wenig Graustufen erlaubt der sogenannte "lith"-Film mit großem Kontrastfaktor.

Bild 33 zeigt S = f(log E) mit einigen Entwicklungszeiten t_E als Parameter für einen mit weißem Bogenlicht belichteten Film[1] [25].

Die Emulsion eines unbelichteten Films enthält Halogensilberkörner, die sich durch Belichtung und Entwicklung in Silberkörper umwandeln. Die Korngröße legt das Auflösungsvermögen fest. Es wird als die Höchstzahl von Strichen pro mm angegeben, welche die Emulsion noch getrennt wiedergeben kann. Der Film in Bild 33 kann z.B. maximal 15 Striche/mm wiedergeben. Hochauflösende Platten (high resolution plates) können bis zu 2000 Linien/mm abbilden. Diese Zahlen gelten bei einem Kontrast des Objektes von 1000:1. Die Empfindlichkeit eines Filmes ist hoch, wenn wenige Photonen zur Erzeugung von Silberkörnern benötigt werden. Bei Positiv-Filmen wird die unbelichtete Fläche, bei Negativ-Filmen die belichtete Fläche durch das Entwickeln geschwärzt.

4.3.4 Übertrag der Struktur auf eine Maske

Masken enthalten die Struktur der Schaltung und sind an jenen Stellen durchlässig, an denen Bauteile entstehen sollen. Sie können als Emulsions- oder Metallschichten auf Siebe aufgebracht werden oder aus Metallfolien ohne Siebe als Träger bestehen.

4.3.4.1 Emulsionssiebe

Eine meist negativ photoempfindliche Emulsion wird in die Maschen eines Siebes gestrichen, durch einen, die Struktur enthaltenden Film belichtet und dann entwickelt. Bei einem Negativ-Film besteht die Struktur der Leiterbahnen, Widerstände oder Deckelektroden aus den geschwärzten Stellen des Films. An den lichtdurchlässigen Stellen wird die Emulsion belichtet und bleibt nach dem Entwickeln und Abspülen stehen. Der entwickelte Lack sollte ca. 24 h bei 25°C oder 20 min bei 60°C aushärten. An den somit freigelegten Flächen wird die Paste durch das Sieb gedrückt.

Der geschilderte Prozeß liefert eine direkte Emulsionsmaske nach Bild 34. Die indirekte Emulsionsmaske in Bild 35 entsteht dadurch, daß man auf einer Seite des Siebs eine Emulsion und auf der anderen einen photoempfindlichen Kleber aufbringt. Diese Schichten werden belichtet und entwickelt und erzeugen damit eine Maske mit der gewünschten Struktur. Die Herstellung ist hier leichter zu handhaben, führt aber zu einer Maske mit geringerer Standzeit.

---

[1] Fabrikat Kodak.

4.3 Maskenherstellung

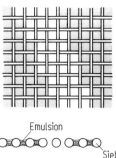

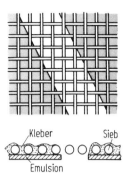

Bild 34. Sieb mit direkter Emulsionsmaske (nach [4]).

Bild 35. Sieb mit indirekter Emulsionsmaske (nach [4]).

4.3.4.2 Metallmasken

Bei feineren Strukturen oder stärkeren Schichten empfehlen sich Metallmasken. Indirekte Metallmasken werden aus einer ca. 50 bis 75 µm starken Molybdänfolie gefertigt, aus der die Struktur durch einen photolithographischen Prozeß herausgearbeitet wird. Dieser spielt bei der Dünnschichttechnik eine große Rolle, wo er auch ausführlich beschrieben wird. Hier genögt die Angabe der folgenden Prozeßschritte: Die Molybdänfolie wird mit einem ca. 5 µm starken Photolack beschichtet, den man durch einen Film belichtet, dann entwickelt und abspült. An den von Photolack freien Stellen wird das Molybdän mit einem Gemisch aus Schwefel- und Salpetersäure durchgeätzt, worauf die Metallfolie auf das Sieb geklebt wird.

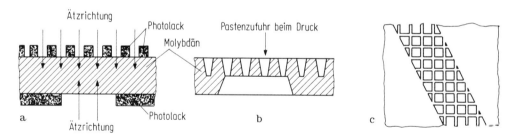

Bild 36a-c. Metallmaske. a) Ätzen einer Metallmaske ohne Sieb; b) geätzt, ohne Sieb als Träger; c) Draufsicht auf geätzte Maske.

Eine Metallmaske ohne Sieb als Träger entsteht nach Bild 36a durch gleichzeitiges Ätzen des Molybdäns von der Rück- und Vorderseite her bis die Ätzfronten in der Mitte der Folie zusammentreffen. Die fertige Maske in Bild 36b enthält die Struktur, die von der Oberseite her durch die geätzten Löcher mit Paste gespeist wird. Bild 36c zeigt die Draufsicht.

4.4 Pasten

4.4.1 Bestandteile von Pasten und deren Aufgaben

Pasten bestehen aus einem Gemisch mit den folgenden vier Bestandteilen [9]:

1. Partikeln mit einer Korngröße von weniger als 1 µm, welche für die elektrischen Eigenschaften verantwortlich sind;
2. einem nichtleitenden Träger i.a. aus Glaspulver (Glasfritte);
3. Zusätzen, welche die rheologischen Eigenschaften, wie Fluß während des Druckvorganges und Bewahren der Form danach, sicherstellen, und schließlich
4. einem organischen Bindemittel, das die Komponenten zusammenhält.

Beim Trocknen der gedruckten Paste bei ca. 125°C verflüchtigen sich die Zusätze und bei ca. 350°C die organischen Bindemittel. Das sich anschließende Einbrennen bei 850°C bewirkt ein Sintern der Glasfritte und der elektrischen Partikel zu einer spröden, mechanisch und elektrisch stabilen Schicht. Das Trocknen geschieht in einem Trockenofen bei ca. 125°C. Zum Brennen der gedruckten Paste benötigt man einen Brennofen mit mindestens drei, besser aber fünf unabhängig voneinander einstellbaren Klimazonen, welche die bedruckten Substrate auf einem Transportband in 45 bis 60 min durchlaufen.

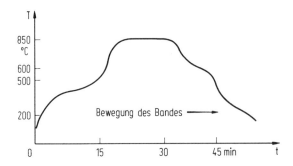

Bild 37. Temperaturprofil zum Einbrennen von Pasten (nach [9]).

Das empfohlene Temperaturprofil bei einem Durchlauf ist in Bild 37 zu sehen und ist für alle wesentlichen Pastenarten gleich. Das Temperaturprofil sollte im Falle von Widerständen bei der maximalen Temperatur mit einer Abweichung von höchstens ± 2 K eingehalten werden. Trocknen und Brennen erfolgen in Luft. Der steilste Temperaturanstieg und Abfall sollte kleiner als 60 K/min. sein. Ein Luftstrom, der mit einer Geschwindigkeit von 15 bis 25 cm/s den Ofen durchzieht, dient zur Abfuhr der freigesetzten Gase.

4.4.2 Viskosität von Pasten

Während des Druckvorgangs ist die Viskosität oder die Zähigkeit der Paste von Bedeutung [9]. Die Viskosität eines Stoffes St wird durch den Versuch in Bild 38 be-

4.4 Pasten

stimmt [27]. Man mißt die Bremskraft F, die der Bewegung der Scheibe der Fläche A mit der Geschwindigkeit v auf der Oberfläche des Stoffes St der Dicke d entgegensteht. Es gilt

$$F = \eta \frac{v}{d} A . \qquad (59)$$

Die Proportionalitätskonstante

$$\eta = \frac{F}{A} \frac{d}{v} \qquad (60)$$

heißt dynamische Viskosität oder Koeffizient der inneren Reibung und wird in Pas gemessen[1].

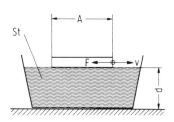 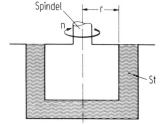

Bild 38. Bestimmung der Viskosität.   Bild 39. Rotationsviskosimeter.

Die dynamische Viskosität von Pasten wird meistens mit dem Rotationsviskosimeter in Bild 39 gemessen. Dabei bestimmt man die Reibungskraft auf den mit der Drehzahl n rotierenden Zylinder; es stellt sich heraus, daß η vom Typ und von den Abmessungen des Viskosimeters abhängig ist, weshalb Vergleiche von η-Werten nur bei gleichen geometrischen Daten sinnvoll sind.

Stoffe, bei denen der von Newton angegebene lineare Zusammenhang

$$v = f(F) = \frac{d}{A\eta} F$$

aus (59) nicht gilt, sind in Bild 40 eingetragen. Thixotrope Stoffe haben ein mit wachsendem F abnehmendes η, d.h. sie werden unter Druck leichtflüssiger. Außerdem tritt eine Hysterese auf. Gerade diese Eigenschaft wird während des Druckes von Pasten benötigt. Der beim Siebdruck erwünschte Verlauf von η ist in Bild 41 als Funktion der Zeiten des Druckvorganges aufgetragen. Beim Druck durch das Sieb sollte die Paste am leichtesten fließen. Bei abnehmendem Druck bleibt ein thixotro-

---

[1] 1 Pas (Pascalsekunde) = $1 Ns/m^2$. Ältere Maßeinheit: P (Poise). $1P = 1 kps/m^2$. Es gilt also $10 Pas \approx 1 P$.

per Stoff wegen der Hysterese zunächst noch flüssig und kann sich deshalb leichter vom Sieb lösen; 15 s nach dem Druck ist $\eta > 30\,000$ Poise nötig. Sinkt die Kraft auf die Paste unterhalb F_0 in Bild 40, dann fließt der Stoff nicht mehr und behält damit seine Form auf dem Substrat. Das Bild der Siebstruktur sollte dabei allerdings noch verfließen. Während des Druckvorgangs ist bei einer Rakelgeschwindigkeit von ca. 100 mm/s eine η-Absenkung um den Faktor 100 wünschenswert.

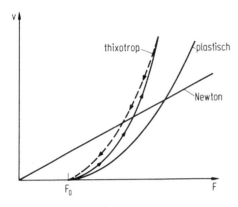

Bild 40. Verschiedene Arten der Viskosität.

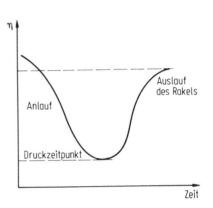

Bild 41. Erwünschter Verlauf der Viskosität während des Drucks (nach [9]).

4.4.3 Messung der Haftfestigkeit

4.4.3.1 Test mit Klebestreifen

Ein Klebestreifen, z.B. ein "Tesa-Film"[1], wird auf die gedruckte Schicht aufgeklebt und dann mit einer ruckartigen Bewegung parallel zur Oberfläche abgerissen. Dabei kann die Schicht völlig, teilweise oder überhaupt nicht abgelöst werden. Der Test liefert eine qualitative Beurteilung und eignet sich für Vergleiche der Haftfestigkeit verschiedener Schichten. Bleibt die Schicht haften, so liegt i.a. eine Haftfestigkeit von mehr als $10\,N/mm^2$ vor.

4.4.3.2 Senkrechtes oder waagrechtes Abreißen

Nach Bild 42a [28] wird ein Stempel mit der Fläche A auf die Schicht aufgelötet oder aufgeklebt und mit einer Kraft senkrecht zur Oberfläche der Schicht hochgezogen. Die Kraft F beim Abreißen des Stempels ergibt die Haftfestigkeit F/A. Um Momente beim Abreißen auszuschalten, muß die Kraft senkrecht zur Oberfläche aus-

---

[1] Fabrikat Beiersdorf.

4.4 Pasten

gerichtet werden. Diese Schwierigkeit wird vermieden, wenn man nach Bild 42b die Kraft parallel zur Oberfläche wirken läßt und das Drehmoment beim Abreißen mißt.

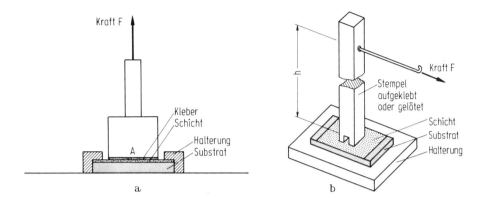

Bild 42a,b. Bestimmung der Haftfestigkeit. a) durch Abreißen senkrecht zur Oberfläche; b) durch Aufbringen eines Drehmoments Fh (nach Institute of Physics, England).

4.4.3.3 Schältest und Schertest

Nach Aufkleben eines Klebestreifens versucht man mit der Anordnung in Bild 43a den Film abzuschälen [28] und mißt die Kraft, die zum Ablösen nötig ist. Bild 43b zeigt einen Schältest, welcher der Beanspruchung im Betrieb sehr nahe kommt, weil z.B. durch eine angelötete Anschlußklemme eine Kraft mit Schälwirkung ausgeübt werden kann. Beim Schertest nach Bild 44 wirken Kräfte parallel zur Oberfläche der Schicht.

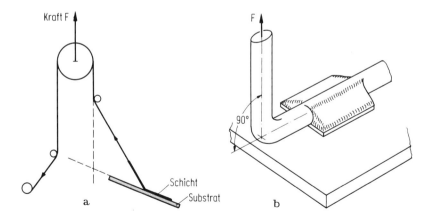

Bild 43a,b. Der Schältest einer Schicht. a) aus L.I. Maissel und R. Glang; b) Anordnung mit aufgeklebtem Hebel.

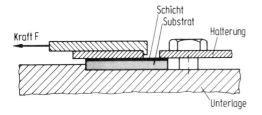

Bild 44. Der Schertest für die Haftfestigkeit einer Schicht (nach Insitute of Physics, England).

4.4.4 Pasten für Leiterbahnen

Leiterbahnen müssen aus einem gut leitenden Material bestehen, an das Bauteile oder Verbindungsstifte durch Löten, Ultraschallbonden oder Thermokompression angeschlossen werden können [9, 29]. Außerdem dürfen Korrosion oder Diffusions-Vorgänge, insbesondere an den Anschlußflächen, die niederohmige Verbindung nicht zerstören. Bei den häufig angewandten Lötverbindungen muß die Leiterbahn widerstandsfähig gegen Flußmittel sein. Die Haftfestigkeit eines Leiters sollte 10 bis 20 N/mm^2 übersteigen.

Silber-Partikel als alleiniges Leitermaterial haben den Nachteil, daß sie ein geringes Haftvermögen haben, korrodieren, von H_2S angegriffen werden, in Zinn-Lot hineindiffundieren und besonders in einem elektrischen Feld zu Ionenwanderung (Elektromigration) neigen.

Tabelle 7. Eigenschaften von Leiterpasten

	Au	Au-Pt	Au-Pd	Ag	Ag-Pt	Ag-Pd
R_F in mΩ/□ bei ca. 15 μm Dicke	3...4	60...80	80...100	1,5...2	2...3	25...35
Haftfestigkeit in N/mm^2 auf Al-Keramik (gealtert)	23	21	22	6	28	25
Bonden[a]	T, U	T, U, L	T, U, L	L	T, U, L	L
Viskosität in kcp[c] bei n = 10/min, r = 1,6 mm 25°C, nach Bild 39	250...350[b]	450	225...300	–	150...250	270...330
Kleinste Linienbreite in μm bei Masken mit 130 Fäden/cm	100	150...200	175...250	150 (80 Fäd./cm)	125...200	125...200

[a] T: Thermokompression mit Au-Drähten,
 U: Ultraschallbonden mit Al-Drähten,
 L: Löten.
[b] Gemessen mit Kegelspindel anstelle der zylindrischen Spindel in Bild 39,
[c] kcp = kilocentipoise.

4.4 Pasten

Bei Zusatz von Palladium- oder von Platin-Pulver werden diese Mängel herabgesetzt. Pd-Ag- und Pt-Ag-Pasten sind preiswert und weit verbreitet. Sie sind verträglich mit Zinn-Blei-Silber-Loten der Zusammensetzung 62% Sn, 36% Pb, 2% Ag. Zum Löten von Ag allein ist noch am besten ein Lot mit 60% Sn, 36% Pb und 4% Ag geeignet.

Stabilere elektrische Eigenschaften liefern Au-, Pd-Au- oder Pt-Au-Pasten. Gold allein ist mit Blei-Indium-Loten lötbar, bei den übrigen Au-Pasten sind 62% Sn, 36% Pb, 2% Ag-Lote brauchbar. Leiterpasten werden 10 bis 15 min bei 120 bis 150°C getrocknet. Das Einbrennen folgt dem Profil in Bild 37. Der spezifische Widerstand der eingebrannten Leiterbahn ist ca. zehnmal größer als jener der verwendeten Metalle, da die leitenden Partikel zusammen mit anderen Zusätzen in Glas dispergiert sind. In seltenen Fällen werden Leiterbahnen aus aufgedrucktem Material herausgeätzt. Ätzbare Pasten bestehen aus Au und haben eine Minimum an nichtmetallischen Beimengungen. In Tabelle 7 sind Eigenschaften von Leiterpasten zusammengestellt.

4.4.5 Widerstandspasten

Neben den allgemeinen Forderungen an Pasten finden bei Widerstandspasten zusätzlich die folgenden Punkte Beachtung [9, 30]:

1. Partikel mit metallischer Leitfähigkeit oder Metalloxide mit Valenzelektronen für den Ladungstransport sind bevorzugte Materialien.
2. Bei der Brenntemperatur von ca. 850°C sollte sich neben dem nicht oxidierten Metall ein stabiles, leitfähiges Oxid bilden. Am besten geeignet sind Edelmetalle, deren Oxide eine hohe Bildungsenergie haben. Dadurch ist auch die Energie zum Aufbrechen der Bindungen groß, was stabile Pasten liefert.
3. Eine feine Verteilung der leitfähigen Partikel in der Glasfritte bewirkt gleichmäßige elektrische Eigenschaften und ein geringes Stromrauschen. Die Partikel werden daher in Kugelmühlen bis zu einer Korngröße von weniger als 0,3 µm gemahlen.
4. Widerstands- und Leiterpasten müssen miteinander verträglich sein und sollten zweckmäßigerweise zusammen einbrennbar sein (cofiring).
5. Der Flächenwiderstand R_F einer Pastenpalette muß mindestens den Bereich von $10\,\Omega/\square$ bis $1\,M\Omega/\square$ in Sonderfällen von $1\,\Omega/\square$ bis $> 10\,M\Omega/\square$ überstreichen. Ein einziger Wert für R_F würde bei hochohmigen Widerständen zu unpraktisch langen und schmalen und bei niederohmigen Widerständen zu breiten und kurzen Bahnen führen.
6. Für den Temperaturkoeffizienten muß bei den üblichen Pasten $|TKR| < 200\,\text{ppm/K}$, bei hochwertigen Pasten $|TKR| < 100\,\text{ppm/K}$ gelten.

7. Die Langzeitstabilität muß $\Delta R/R \leq 0,3\%$ sein. Dieser Wert darf nicht überschritten werden entweder nach einer Lagerung 1000 h lang bei 150°C ohne Strombelastung oder nach einer Lagerung 1000 Stunden lang bei 5 W/cm^2 Strombelastung ohne zusätzliche Erwärmung.
8. Widerstände müssen mit dem Laser abgleichbar sein.

Die erste Widerstandspaste stammt von L.C. Hoffmann [31] und IBM [32].

Ein preiswertes Widerstandssystem besteht aus Ag-Pd-PdO als leitendem Material. Beim Einbrennen bildet sich bei 680 bis 780°C PdO mit einer Bildungswärme von 118 kJ/mol. Das Oxid legt sich als eine Haut mit hoher Grenzflächenspannung um Kügelchen aus einer Pd-Ag-Legierung und sorgt so für eine feine Dispergierung der

Tabelle 8. Eigenschaften von Widerstands-Pasten

	Ag-Pd-Pd-Oxid	Wismutruthenat (Birox)[a]	Rutheniumoxid[b]
ρ in Ωcm	0,025...250	0,00375...2500	0,0075...250
R_F (d = 25 µm)	10Ω/□...100 kΩ/□	1,5Ω/□...1 MΩ/□[c]	3Ω/□...100 kΩ/□
TKR in ppm/K	-300...+300	-100...+100	-100...+100
Viskosität in Mcp	170...230[d]	170...230[e]	17...25[e]
Rauschzahl A in dB	-18...+22	-30...+10	-30...+14
Spannungskoeffizient	-100 ppm/V·in.	-20 ppm/V·in.	ca. -450 ppm/V·mm
Langzeitstabilität $\Delta R/R$ in % nach 1000 h bei 150°C	< 1	< 0,2	0,1 nach 3000 h
nach Lasertrimming ohne Last	-	< 0,6	< 0,6

[a] Fabrikat Dupont.
[b] Fabrikat Heraeus.
[c] "Birox" hochohmig: 1,5 GΩ/□ mit $|TKR| < 150$ ppm/K.
[d] Gemessen mit Brookfield Viskosimeter RVT, Spindle Nr. 7 (zylindrische Anordnung mit Spindeldurchmesser 3,2 mm, Eintauchtiefe 55 mm, Außenwanddurchmesser ca. 30 mm), 10 U/min, 25°C.
[e] Gemessen mit Haake "Rotovisko" PK II (Platte-Kegel-Anordnung mit Plattendurchmesser 20 mm, Kegelöffnung ca. 1/2°), 9 U/min, 20°C.

leitenden Materialien. Nachteilig ist, daß die PdO-Haut durch Reduktionsmittel leicht angegriffen wird, was zu einer verminderten Langzeitstabilität führt.

Stabiler ist das Rutheniumoxid RuO$_2$, das eine Bildungsenergie von 304 kJ/mol besitzt. Das Pastensystem "Birox"[1] [33] entsteht aus den Anteilen RuO$_2$ und Bi$_2$O$_3$,

---

[1] Fabrikat Dupont.

4.4 Pasten

das beim Brennen das Wismuth-Ruthenat $Bi_2Ru_2O_7$ bildet und bis über 1000°C beständig ist. Die hohe Bildungsenergie führt zu einer großen Langzeitstabilität. Ru ist ein relativ billiges Edelmetall; sein Anteil in der Paste ist zudem nur 26,5 %.

Eine weitere hochwertige Paste[1] [34] besteht nur aus rutheniumhaltigen Oxiden, wobei der Gehalt an Ru in der Paste auf 15 % gesenkt werden konnte. Der Temperaturkoeffizient ist positiv bei Überwiegen der Metalle in der Paste. Halbleitende Anteile wie PdO und andere Oxide sowie Verunreinigungen an den Korngrenzen steuern negative Anteile bei. Die Einstellung eines gewünschten Bereichs des TKR kann durch weitere Zusätze, wie Oxide unedler Metalle oder durch eine ρ- bzw. dρ/dT-Änderungen gemäß (29) erfolgen. Dabei dürfen jedoch die übrigen Eigenschaften insbesondere die Langzeitstabilität nicht leiden.

Kompatible Pasten können zur Einstellung von R_F gemischt werden. Trocknen und Einbrennen geschieht wie bei Leiterpasten. Tabelle 8 gibt einen Überblick über Eigenschaften von Widerstandspasten.

4.4.6 Dielektrische Pasten

Man benützt drei Arten von Pasten, die sich durch eine niedrige Dielektrizitäts-Konstante (NDK-Pasten), eine hohe Dielektrizitäts-Konstante (HDK-Pasten) und durch einen einstellbaren TKC unterscheiden. Letztere haben einen TKC, der bei negativen und positiven Werten oder im Bereich um 0 herum liegt (NPO-Pasten). Eigenschaften sind in Tabelle 9 zu finden [35, 36, 37].

Tabelle 9. Eigenschaften von dielektrischen Pasten

	NDK-Pasten	HDK-Pasten	NPO-Pasten
ε_r	10...24	1000...2000	12...20
tan δ in % (1 kHz)	< 0,2	< 4	< 0,2
C_F in nF/cm²	0,18...0,43 (d = 50 μm)	18...36 (d = 50 μm)	0,33...0,65 (d = 30...35 μm)
TKC in ppm/K	0...100	s. Bild 45	-100...+100
Isol. Wid. in Ω	$> 10^{11}$	$> 10^{9}$	$> 10^{11}$

4.4.6.1 NDK-Pasten

Das Dielektrikum von NDK-Pasten besteht aus einem Gemisch von Glas und Al-Keramik mit einer relativen Dielektrizitätskonstanten zwischen 10 und 24. Wegen des

---

[1] Fabrikat Heraeus.

kleinen Verlustwinkels sind diese Kondensatoren für die elektrische Signalverarbeitung brauchbar. Um eine ausreichende Durchbruchspannung von über 300 V bei einer Dicke von 40 bis 50 µm zu erreichen, muß besondere Sorgfalt auf Staubfreiheit und einen löcherfreien und damit genügend dichten Druck des Dielektrikums gelegt werden.

Mit steigender Dicke sinkt die Flächenkapazität, was durch die Herstellung von zwei- oder gar mehrschichtigen Kondensatoren nach Bild 3 ausgeglichen werden kann. Die Wahrscheinlichkeit des Auftretens von Durchbrüchen steigt dabei an. Deshalb sollte eine dielektrische Schicht vor dem Aufbringen der nächsten getrocknet und möglichst auch eingebrannt werden. Pasten mit kleinem ε_r werden auch zur Herstellung von Leitungsüberkreuzungen eingesetzt (cross over pastes).

4.4.6.2 HDK-Pasten

Das Dielektrikum besteht aus einer Barium-Titanat-Keramik mit hohem ε_r und damit hoher Flächenkapazität. Der thermische Ausdehnungskoeffizient der Ba-Ti-Keramik weicht von dem des Al-Substrates ab, was zu Rissen im Dielektrikum und zu thermischer Instabilität führen kann. Diese problematische Temperaturabhängigkeit ist aus Bild 45 ersichtlich. Wegen des großen $\tan\delta$ und der thermischen Instabilität sind HDK-Pasten nur für Blockkondensatoren geeignet.

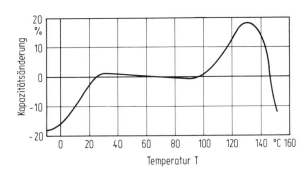

Bild 45. Temperaturabhängigkeit der Kapazität von HDK-Pasten (nach [9]).

4.4.6.3 NPO-Pasten

NPO-Pasten sind ähnlich wie NDK-Pasten aufgebaut. Mit Hilfe zweier mischbarer Pasten, von denen die eine einen positiven $(TKC)_1$ und die andere einen negativen $(TKC)_2$ hat, läßt sich in Abhängigkeit vom Mischungsverhältnis der beiden Pasten jeder TKC $\in [(TKC)_2, (TKC)_1]$ einstellen. Dies ist für zwei Pasten[1] in Bild 46 aufgetragen.

---

[1] Fabrikat Dupont.

4.4 Pasten

Für die Flächenkapazitäten C_F und den $\tan\delta$ ergibt sich jeweils der in Bild 47a, b eingezeichnete lineare Verlauf, wobei die Endpunkte durch jeweils eine Paste allein festliegen. Nach Messungen in [38] kann man mit den durch Balken angegebenen Streubereichen für TKC, C_F und $\tan\delta$ rechnen. In [38] wird ein T-T-Glied vorgestellt, bei dem durch Einstellen des TKC eine Temperaturkompensation in Form von TKR $\approx$ -TKC vorgenommen wurde. Dabei hat sich eine Frequenzverschiebung $\Delta f/f \cdot 1/K$ = 4 ppm/K ergeben, was in der Nähe eines preiswerten Quarzoszillators liegt.

Wie in Bild 46 zu erkennen ist, läßt sich auch TCC $\approx$ 0 verwirklichen.

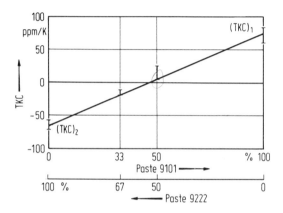

Bild 46. Einstellung des TKC mit zwei Pasten (nach [38]).

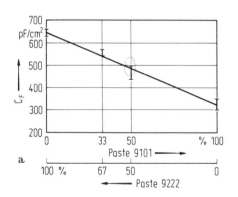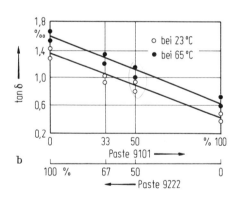

Bild 47a, b. Flächenkapazität C_F (a) bzw. Verlustfaktor $\tan\delta$ (b) als Funktion des Mischungsverhältnisses zweier Pasten (nach [38]).

4.4.6.4 Ausbeute bei der Herstellung von Kondensatoren

Die Ausbeute bei der Herstellung von Kondensatoren in Dick- oder Dünnschichttechnik ist i.a. kleiner als bei Widerständen oder Leiterbahnen. Der häufigste Fehler ist eine zu geringe Durchbruchspannung des Dielektrikums. Man kann eine Wahrscheinlichkeits-Verteilung F(A) für das Auftreten eines Fehlers angeben, die von der Kondensatorfläche A abhängt. Von einer Fläche A_0 an aufwärts ist es in der Regel nicht mehr möglich, einen defektfreien Kondensator herzustellen, weshalb $F(A_0) = 1$ ist. A_0 wird vom Fertigungsprozeß, von den verwendeten Materialien und vor allem vom beachteten Grad an Sauberkeit bestimmt und kann vom einzelnen Hersteller durch statistische Beobachtungen gefunden werden. Für A_0 ist die Gesamtfläche der Kondensatoren auf einem Substrat einzusetzen.

Die Verteilung F(A) ist in Bild 48 aufgetragen, wobei eine sinnvolle Annahme der lineare Verlauf für $A \in [0, A_0]$ ist. Werte für A_0 können in der Dickschichttechnik bei NDK-Pasten $5\,cm^2$ und in der Ta-Dünnschichttechnik $3\,cm^2$ sein.

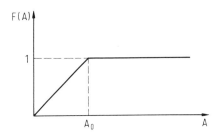

Bild 48. Verteilung F(A) für defekten Kondensator in Abhängigkeit von der Kondensatorfläche A.

4.4.7 Lotpasten

Niedrig schmelzende Lotpasten enthalten als Hauptbestandteil Zinn und Blei; hochschmelzende Pasten bestehen aus Gold mit Beimengungen von Zinn oder Germanium [9]. Sie sollten nach dem Druck i.a. nicht getrocknet werden und lassen sich dann wegen ihrer Klebeeigenschaft zum Positionieren der Bauteile verwenden. Sie fliessen in einem Bereich von 150 bis 450°C, wobei sich das Flußmittel verflüchtigt. Ein nochmaliges Fließenlassen (reflow) ist möglich, sollte aber wegen des fehlenden Schutzes durch ein Flußmittel in inerter oder reduzierender Athmosphäre erfolgen.

4.4.8 Umhüllungspasten

Umhüllungspasten enthalten in der Regel Glas, das bei niedriger Temperatur von 500 bis 550°C eingebrannt wird. Beim Brand der Glaspaste tritt eine Änderung der Widerstände auf, die in Bild 49 eingetragen ist. Eine Brenntemperatur von 550°C sollte nicht überschritten werden. Die gebrannten Umhüllungs-Pasten sind i.a. amorph.

4.4.9 Pasten für elektro-optische Anzeigen

Als Anzeigeeinheiten werden Gasentladungsstrecken (Plasmadisplays) und Flüssigkristalle eingesetzt, welche durch i.a. transparente Elektroden und Leiterbahnen an-

4.4 Pasten

gesteuert werden [39, 40]. Pasten für diese Elektroden enthalten Zinnoxid, Silber oder Gold. Leiterbahnen werden mit Glaspasten bedeckt, um eine von ihnen ausgehende Gasentladung oder Steuerwirkung zu verhindern. Da Anzeigeeinheiten sehr hohe Temperaturen nicht aushalten, müssen die Pasten bei maximal 600°C einbrennbar sein. Bei LED's werden die Verbindungsbahnen i.a. aus Dickschichtpasten hergestellt.

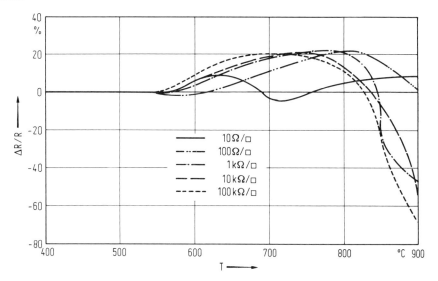

Bild 49. Widerstandsänderung in Abhängigkeit von den Brenntemperaturen für die Umhüllungspasten bei einigen Pasten mit verschiedenem Flächenwiderstand (nach [9]).

4.4.10 Pasten für steuerbare Widerstände

Vanadiumdioxid enthaltende Pasten z.B. "Tyox"[1]-Pasten, verringern nach Bild 50 bei ca. 70°C ihren Widerstand um den Faktor 1000, was zur Erzeugung eines Schalters ausgenutzt werden kann [41]. Wird die Erwärmung durch Erhöhen der Spannung erzeugt, dann ergibt sich die in Bild 51 dargestellte Strom-Spannungs-Kennlinie.

4.4.11 Einige Sonderpasten

Als Sonderpasten seien noch lichtempfindliche Au-Leiterpasten und dielektrische Glaspasten erwähnt, welche ganzflächig aufgedruckt, belichtet und an den unbelichteten Stellen durch Besprühen mit Perchloraethylen und Luft entfernt werden. Das Einbrennen erfolgt bei maximal 900°C. Die erzielbare Bahnbreite ist bei Leiterpasten 50 μm und 75 μm bei dielektrischen Pasten, welche sich besonders für Leitungsüberkreuzungen eigenen. Ferromagnetische Pasten setzen sich aus Ferritpulver und Glas zusam-

---

[1] Fabrikat Dupont.

men, weisen aber eine so geringe Permeabilität auf, daß nur Spulen geringster Güte gedruckt werden können.

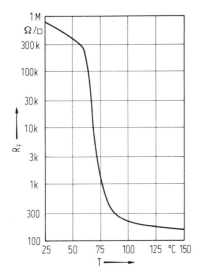

Bild 50. Flächenwiderstand von "Tyox-" Schalterpasten in Abhängigkeit von der Temperatur.

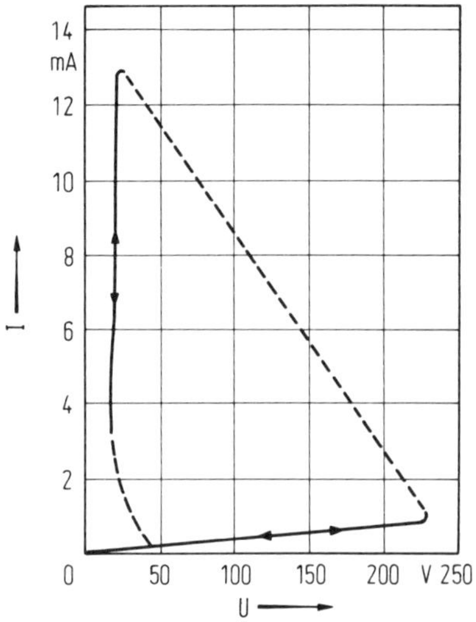

Bild 51. Strom-Spannungs-Kennlinie der Schalterpaste in Bild 50.

5 Dünnschichttechnik

Wie im Überblick bereits geschildert wurde, benötigt man zur Herstellung von Dünnschichtbauteilen Vakuumtechnik [42, 43], Aufdampf- und Sputter-Verfahren [2, 11, 44], Photolithographie [45] und Ätztechnik [11], worüber die nächsten Abschnitte Auskunft geben.

5.1 Vakuumanlagen

5.1.1 Einheiten und Grundgesetze

Die Maßeinheiten für Gasdrucke in bar sind in Tabelle 10 eingetragen. Die gesetzlich vorgeschriebenen Einheiten sind neuerdings "Pascal" ($1\,Pa = 1\,N/m^2$) und "bar". Häufig verwendet wird immer noch das "Torr".

Tabelle 10. Umrechnung von Druckeinheiten

	bar	Pa	atm	Torr
1 bar	1	100000	0,987	750
1 Pa	0,00001	1	$0,987 \cdot 10^{-5}$	0,0075
1 atm	1,013	101325	1	760
1 Torr	0,00133	133	0,00132	1

Unter dem Partialdruck p_i des i-ten Gases eines Gemisches im Volumen V versteht man den Druck, den das i-te Gas hätte, wenn es bei derselben Temperatur T allein im Volumen V wäre. Der Gesamtdruck p des Gasgemisches ist die Summe der Partialdrucke der einzelnen Anteile, d.h.

$$p = \sum_i p_i \, . \tag{61}$$

Die Gasmenge e, die gewöhnlich bei T = 25°C gemessen wird, ist definiert als

$$e = pV. \tag{62}$$

und wird z.B. in barl angegeben. Die Durchflußleistung oder Saugleistung Q einer Pumpe ist

$$Q = -\frac{de}{dt} = -\frac{d(pV)}{dt}. \tag{63}$$

Das negative Vorzeichen macht $Q > 0$, wenn der Druck abnimmt, d.h. wenn ein Gefäß evakuiert wird. Q wird z.B. in mbarl/s gemessen. Aus dem Gesetz für ideale Gase, nämlich

$$pV = ZkT, \tag{64}$$

wobei Z die Zahl der Gasmoleküle im Volumen V und k die Boltzmannsche Konstante ist, folgt mit (63) für konstante absolute Temperatur T

$$Q = -\frac{d(pV)}{dt} = -kT\frac{dZ}{dt}, \tag{65}$$

d.h. Q ist proportional zum Gasstrom dZ/dt, welcher durch den Querschnitt des Volumens V tritt. Falls das Volumen V dabei konstant bleibt, gilt

$$Q = -V\frac{dp}{dt} = -kT\frac{dZ}{dt}. \tag{66}$$

Der Strömungsleitwert L für einen Gasstrom durch eine Röhre ist definiert als

$$L = \frac{Q}{p_1 - p_2}. \tag{67}$$

Dabei ist p_1 der Druck am Eingang und p_2 der Druck am Ausgang der Röhre. Die Durchflußleistung Q wird damit

$$Q = L(p_1 - p_2). \tag{68}$$

Tritt das Gas durch ein Leck vom Außendruck $p_1 = p_{atm}$ ins Innere des Rezipienten, wo bereits $p_2 \ll p_{atm}$ herrsche, dann gilt für die Durchflußleistung durch das Leck nach (68)

$$Q \approx L p_{atm}, \tag{69}$$

d.h. Q ist nur vom Leitwert L des Lecks und nicht von der Pumpe abhängig. Q in (69) heißt Leckrate.

5.1 Vakuumanlagen

$W = 1/L$ ist analog zum Ohmschen Gesetz der Strömungswiderstand einer Anordnung. Werden zwei Röhren A und B in Serie geschaltet, so ist für überall gleiches T und dZ/dt nach (66) auch Q überall dasselbe. Die Strömungsleitwerte in den Röhren A und B sind dann

$$L_A = \frac{Q}{p_1 - p_2} \tag{70a}$$

und

$$L_B = \frac{Q}{p_2 - p_3} \tag{70b}$$

Für die gesamte Anordnung gilt

$$L = \frac{Q}{p_1 - p_3} \, , \tag{70c}$$

wobei p_1 der Druck am Eingang von Röhre A, p_2 der am Ausgang von A, d.h. am Eingang von B, und p_3 der Druck am Ausgang von B sind.

Aus der Addition von $p_1 - p_2 = Q/L_A$ und $p_2 - p_3 = Q/L_B$ folgt mit (70c)

$$p_1 - p_3 = \frac{Q}{L} = \frac{Q}{L_A} + \frac{Q}{L_B} \, ,$$

d.h.

$$\frac{1}{L} = \frac{1}{L_A} + \frac{1}{L_B} \, . \tag{71}$$

Dieses Gesetz entspricht der Serienschaltung von Ohmschen Leitwerten. Für die Parallelschaltung der Röhren ergibt sich gleichermaßen der gesamte Leitwert

$$L = L_A + L_B \, . \tag{72}$$

Unter dem Saugvermögen S einer Pumpe versteht man

$$S = \frac{Q}{p} = -\frac{1}{p} \frac{d(pV)}{dt} \, , \tag{73}$$

wobei (63) verwertet wurde. Ändert sich p mit t, so ist S druckabhängig, sonst gilt nach (73) $S = -dV/dt$.

Mit dem Saugvermögen S_1 am Ort mit p_1 und S_2 am Ort mit p_2 folgt aus (67) mit (73)

$$L = \frac{Q}{p_1 - p_2} = \frac{Q}{\frac{Q}{S_1} - \frac{Q}{S_2}} \, ,$$

d.h.
$$\frac{1}{L} = \frac{1}{S_1} - \frac{1}{S_2} \ . \tag{74}$$

Ist S_2 das Saugvermögen S_p der Pumpe, $S_1 = S_{eff}$ das Saugvermögen am Ausgang des Rezipienten und L der Leitwert der Verbindung zwischen Rezipienten und Pumpe, so gilt mit (74)

$$\frac{1}{S_{eff}} = \frac{1}{S_p} + \frac{1}{L}$$

oder

$$S_{eff} = \frac{S_p L}{S_p + L} \ . \tag{75}$$

Das Saugvermögen am Saugstutzen des Rezipienten wird effektiv genannt, da es für die Evakuierung maßgeblich ist. Eine Pumpe mit dem z.B. druckunabhängigen Saugvermögen $S_p = 100\,l/s$ kann über eine Leitung mit dem Leitwert $L = 20\,l/s$ nach (75) den Rezipienten mit $S_{eff} = 16\,{}^2/_3\,l/s$ abpumpen. Die Dimensionierung einer Vakuumanlage geht von (73) aus. Für das zu evakuierende Volumen V des Rezipienten gilt selbstverständlich

$$\frac{dV}{dt} = 0 \ . \tag{76}$$

Nimmt man für die Pumpe ein effektives Saugvermögen S_{eff} an, so folgt aus (73) mit (76)

$$-\frac{S_{eff}}{V} p = \frac{dp}{dt}$$

oder

$$-\int_{p=p_{atm}}^{p_E} \frac{dp}{p} = \frac{S_{eff}}{V} \int_{t=0}^{t_0} dt \ , \tag{77}$$

wobei p_{atm} der Anfangsdruck (Atmosphärendruck) und p_E der Enddruck ist, der nach der Pumpzeit t_0 erreicht wird. (77) liefert

$$\ln \frac{p_{atm}}{p_E} = \frac{S_{eff}}{V} t_0$$

oder das nötige Saugvermögen

$$S_{eff} = \frac{V}{t_0} \ln \frac{p_{atm}}{p_E} = \frac{V}{t_0} 2{,}3 \log \frac{p_{atm}}{p_E} \ . \tag{78}$$

5.1 Vakuumanlagen

Bei bekanntem L kann S_p nach (75) aus dem nach (78) nötigen effektiven Saugvermögen S_{eff} der Pumpe berechnet werden.

Soll ein Gefäß von V = 75 l in 1 h vom Athmosphärendruck p_{atm} = 1 bar auf 10^{-2} mbar evakuiert werden, so benötigt man eine Pumpe mit einem effektiven Saugvermögen von S_{eff} = 843 l/h = 0.843 m^3/h. Als ein charakteristisches Maß für Pumpen wird i.a. das Saugvermögen als Funktion des Druckes angegeben.

5.1.2 Vakuumpumpen

Vom Atmosphärendruck bis herunter auf ca. 10^{-3} mbar setzt man Vorpumpen ein, an die sich die Arbeit von Hochvakuumpumpen, die bis zu 10^{-8} mbar gelangen, anschließt. Mit Ultrahochvakuumpumpen erreicht man schließlich Drucke unterhalb von 10^{-11} mbar.

5.1.2.1 Vorpumpen

Rotationspumpen mit Drehschieber nach Bild 52 haben i.a. ein großes Saugvermögen bis zu ca. 60 m^3/h. Einen typischen Verlauf des druckabhängigen Saugvermögens zeigt das Bild 53. Statt Drehschieber können auch Wälzkolbenpumpen (Roots-Pumpen) eingesetzt werden, die ein Saugvermögen bis zu 1000 m^3/h erreichen können.

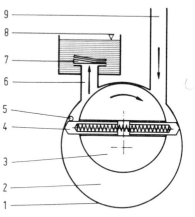

Bild 52. Rotationspumpe mit Drehschieber (nach [43]). 1 Pumpengehäuse, 2 Kompressionsraum, 3 Kolben, 4 Schieber, 5 Gasballastbohrung, 6 Auspuffkanal, 7 Auspuffventil, 8 Ölspiegel für Ventil 7 und Schmierung von 4, 9 Ansaugkanal.

5.1.2.2 Hoch- und Ultrahochvakuumpumpen (HV- und UHV-Pumpen)

Öl-Diffusionspumpen für HV. Die Wirkungsweise einer Öl-Diffusionspumpe ist aus Bild 54 ersichtlich. Ein Öl mit niedrigen Dampfdruck (oder Quecksilber) wird am Boden der Pumpe erhitzt. Der Dampf strömt durch nach unten gerichtete Düsen aus und reißt Gasmoleküle aus dem Rezipienten mit nach unten, von wo sie, wie Bild 55 zeigt, eine Vorpumpe absaugt. Die Wände der Diffusionspumpe sind wassergekühlt, um die Kondensation des Öls zu fördern. Falls nötig, kann das Eindringen von Ölmolekülen in den Rezipienten nach Bild 55 durch eine Kühlfalle (baffle) mit flüssigem Stickstoff verhindert werden. Das kondensierte Öl strömt zum Pumpenboden zurück.

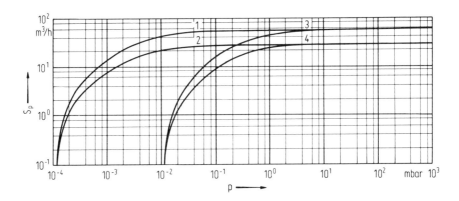

Bild 53. Saugvermögen einer Drehschieberpumpe (nach Balzers). 1 DUO 060 A, 2 DUO 030 A, 3 UNO 060 A, 4 UNO 030 A (verschiedene Pumpentypen).

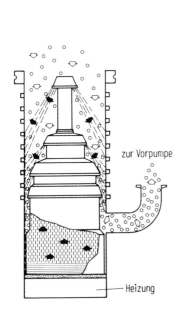

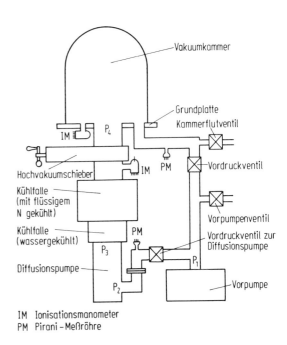

Bild 54. Wirkungsweise einer Öldiffusionspumpe (nach Leybold-Heraeus).

Bild 55. Evakuierung durch Diffusionspumpe mit Kühlfalle und Vorpumpe (nach [2]).

5.1 Vakuumanlagen

Das Saugvermögen zeigt Bild 56. Der erreichbare Enddruck wird durch den Dampfdruck des Öls festgelegt und kann bis zu 10^{-9} mbar betragen. In der Nähe des Enddrucks nimmt das Saugvermögen durch einen Rückstrom von Gas in den Rezipienten ab. Der Rückstrom setzt sich aus verdampftem Öl und aus Gasen zusammen, die an den Wänden adsorbiert waren. Die Kühlfalle reduziert den ersten Anteil des Rückstromes. Die Öldiffusionspumpe arbeitet nur zufriedenstellend, wenn der vom Hersteller angegebene Druck am Anschluß der Vorpumpe nicht überschritten wird.

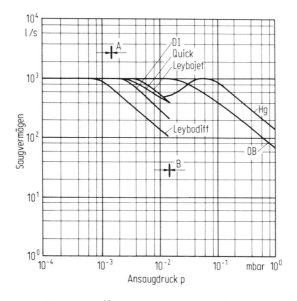

Bild 56. Saugvermögen von Öldiffusionspumpen (nach Leybold-Heräus).

Turbomolekularpumpen für HV und UHV. Diese Pumpen arbeiten bis zu 10^{-11} mbar und vermeiden eine etwaige Verunreinigung der Vakuum-Kammer, da verdampftes Öl nicht benötigt wird. Gemäß Bild 57 rotiert eine mit Turbinen-Schaufeln besetzte Achse mit ca. 16000 U/min. Dabei stoßen die Schaufeln des Rotors Gasmoleküle durch

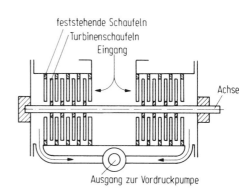

Bild 57. Turbomolekularpumpe (nach Balzers).

zwei feststehende, waagrecht angeordnete Kammern hindurch in Pfeilrichtumg zum Ausgang, von wo sie eine Vorpumpe absaugt. Diese Vorpumpe kann bei Beginn des Pumpens den Druck durch die Turbomolekularpumpe hindurch auf ca. 10^{-3} mbar absenken, wo dann die Turbomolekularpumpe die Arbeit aufnimmt. Eine Kühlfalle wird nicht benötigt. Das Saugvermögen zeigt Bild 58.

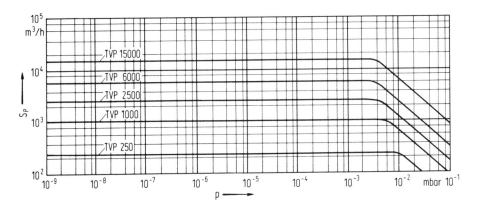

Bild 58. Saugvermögen von Turbomolekularpumpen (nach Balzers).

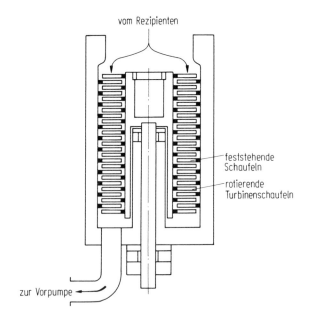

Bild 59. Senkrecht angeordnete Turbomolekularpumpe mit nur einer Kammer (nach Leybold-Heraeus).

Eine bsondere kompakte Bauweise stellt eine vertikal angeordnete, nur aus einer Kammer bestehende Turbomolekularpumpe in Bild 59 dar.

5.1 Vakuumanlagen

Bei tiefem Druck beginnt das Ausgasen der Wände in der Anlage, wodurch zusätzliche Gase abgepumpt werden müssen. Ausgasen kann mehrere Stunden anhalten und wird durch Erwärmen der Wände beschleunigt.

5.1.3 Druckmeßgeräte

Im Bereich von einigen mbar bis zu 10^{-3} mbar eigenen sich Pirani-Röhren und darunter bis zu ca. 10^{-11} mbar Ionisationsmanometer zur Druckmessung. Partialdrucke lassen sich mit dem Massenspektrometer bestimmen [2, 42].

5.1.3.1 Pirani-Röhre

Diese Röhre nützt die Druckabhängigkeit der thermischen Leitfähigkeit eines Gases aus. Wie aus Bild 60 ersichtlich ist, wird ein Widerstand einer Brücke dem Gasdruck im Rezipienten ausgesetzt. Ein zweiter Widerstand der Brücke liegt in der

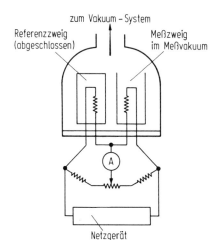

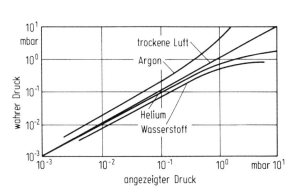

Bild 60. Druckmessung nach Pirani [2].

Bild 61. Eichung der Messung nach Pirani.

Nachbarschaft, um Schwankungen der Umgebungstemperatur zu eliminieren. Er wird jedoch in einem Gehäuse auf konstantem Druck gehalten. Die über die thermische Leitfähigkeit des Gases druckabhängige Erwärmung des ersten Widerstands führt zu einer Widerstandsänderung, die gemessen und nach Bild 61 als Druck geeicht wird. Die Eichung ist abhängig vom Gas im Rezipienten.

5.1.3.2 Ionisationsmanometer nach Bayard-Alpert

Ein Heizdraht in Bild 62 emittiert Elektronen, welche durch ein positiv geladenes Gitter beschleunigt werden. Dabei ionisieren sie das Gas, dessen Druck gemessen werden soll. Der negativ geladene fadenförmige Ionenkollector sammelt die positiv geladenen Gasionen, die einen Strom hervorrufen, der zum Gasdruck proportional ist. Bei zu geringem Druck erzeugen die am Gitter aufprallenden Elektronen Röntgenstrahlen, die ihrerseits Elektronen aus dem Kollektor herausschlagen und damit den Ionenstrom verfälschen. Der verfälschende Einfluß ist gering, wenn die Kollektorfläche klein ist, weshalb ein feiner Faden verwendet wird. Damit lassen sich 10^{-11} mbar erreichen. Statt der thermischen Erzeugung von Elektronen wendet das Manometer nach Penning oder Philips eine Kaltkathode an, aus der durch Ionenbombardement Elektronen gewonnen werden. Der zu messende Ionenstrom ist abhängig von der Gasart. Die Instrumente müssen deshalb durch Vergleichsmessungen geeicht werden.

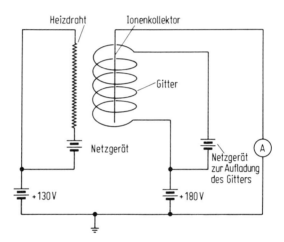

Bild 62. Ionisationsmanometer nach Bayard-Alpert [2].

5.1.3.3 Massenspektrometer

Durch die Anordnung in Bild 63a links wird das Gasgemisch, dessen Partialdrucke und Zusammensetzung bestimmt werden sollen, zuerst einmal ionisiert [46]. Die ionisierten Atome werden in z-Richtung in das elektrostatische Feld zwischen den Stäben S eingeschossen. Die Seitenansicht der Stäbe zeigt Bild 63b. Sie liegen gemäß Bild 63b an der Spannung $u(t) = U + \hat{u} \cos \omega t$. Die Bewegung der Ionen wird durch eine Mathieusche Differentialgleichung beschrieben.

Das Ergebnis: In Abhängigkeit von $U/\hat{u}$ gibt es einen Massebereich Δm um eine Masse m_0 herum, dessen Ionen durch die Stäbe hindurchfliegen und am Ausgang aufgefangen werden. Der Ionenstrom ist proportional zum Anteil der Massen m im Bereich Δm im Gas. Das Meßgerät kann durch Vergleichsmessungen so geeicht werden, daß der Partialdruck angezeigt wird. Die Ionen außerhalb des Massebereichs

5.1 Vakuumanlagen

durchlaufen instabile Bahnen, d.h. sie oszillieren zwischen den Stäben, an denen sie schließlich anstoßen und dadurch am Ausgang nicht ankommen. Durch Verändern von $U/\hat{u}$ kann m_0 geändert werden, womit der Partialdruck von verschiedenen Massen gemessen werden kann. Falls nötig, läßt sich der Strom am Ausgang durch Sekundärelektronen-Vervielfacher verstärken. Die Ausgangsspannung wird mit einem Plotter aufgezeichnet.

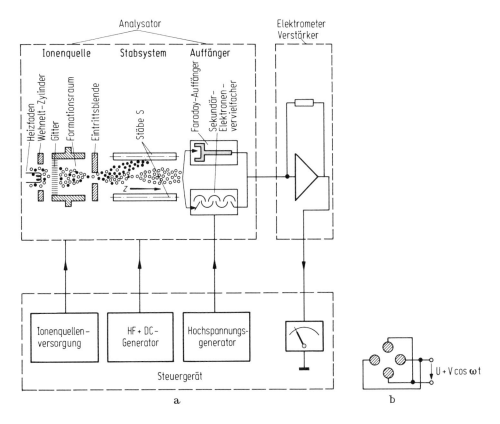

Bild 63a,b. Massenspektrometer (nach Balzers). a) Aufbau und Wirkungsweise; b) Seitenansicht der Stäbe in a.

Wegen des Druckgefälles in der Anlage ist bei allen Meßgeräten der Druck vom Meßort abhängig. Eine Messung in der Grundplatte des Rezipienten gibt den Druck im Vakuumgefäß am besten wieder, während die Strömung in der Nähe von Ventilen die Messung stark verfälscht. Eine Dosierung des Gaszuflusses während des Pumpvorgangs und damit die Einstellung eines konstanten Partialdruckes für ein spezielles Gas ermöglicht ein Nadelventil nach Bild 64.

Das Abdichten von Anlagen kann mit Vakuumfett, das einen niedrigen Dampfdruck besitzt, erfolgen. Spuren des Fettes werden jedoch das Vakuum verunreinigen, weshalb diese Dichtung in der Dünnschichttechnik nicht angewandt wird. Metallische Dichtungen, z.B. Au-Ringe oder Elastomere, d.h. gummiartige Stoffe, vermeiden diesen Nachteil.

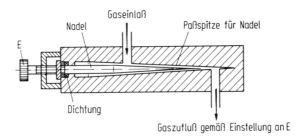

Bild 64. Nadelventil zur Dosierung des Gaszuflusses (nach [2]).

Zur Lecksuche kann man den Rezipienten von außen mit Helium oder Halogenen anblasen und im Innern mit einem Massenspektrometer das Auftreten dieser Stoffe feststellen.

5.2 Aufdampfen von Schichten

5.2.1 Verfahren zur Verdampfung

In einem evakuierten Rezipienten wird in einem Tiegel oder Schiffchen, auch Verdampfungsquelle genannt, Material erhitzt und verdampft. Der Dampf schlägt sich auf Substraten, aber auch auf den Innenwänden der Anlage als dünne Schicht nieder. Die wichtigsten Verdampfungsquellen sind im folgenden dargestellt.

5.2.1.1 Widerstandsbeheizte Schiffchen

Eine Aufdampfanlage ist in Bild 65 zu sehen. Schiffchen aus leitendem Material, wie Wolfram, Tantal oder Molybdän, werden von Strom durchflossen und dabei erhitzt, wodurch ihr Inhalt verdampft. Schiffchen aus Isolatoren, wie Al- oder Be-Keramik, werden mit Widerstandsdraht umwickelt und so hochgeheizt. Eine Induktionsheizung ist ebenfalls möglich.

Aus den Wänden des Rezipienten und aus der Verdampferquelle werden mit steigender Temperatur zunehmend Gase freigesetzt, welche als i.a. störende Stoffe in die Schicht eingebaut werden.

5.2 Aufdampfen von Schichten

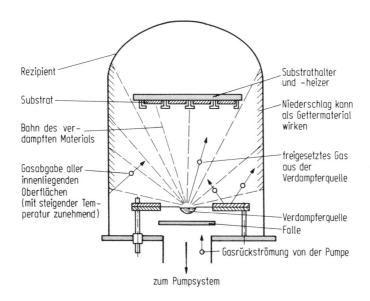

Bild 65. Prinzip einer Aufdampfanlage.

5.2.1.2 Flashverdampfung

Fein verteilte Körner des zu verdampfenden Stoffes fallen auf eine heiße Oberfläche aus den üblichen Tiegelmaterialien und verdampfen von dort aus sofort. Dies hat den Vorteil, daß alle Anteile einer Legierung miteinander verdampfen, wodurch die stöchiometrische Zusammensetzung erhalten bleibt. Bei einer kontinuierlichen Verdampfung aus einem Schiffchen würde sich der Anteil mit höherem Dampfdruck (vgl. Abschnitt 5.2.2) früher verflüchtigen, womit die Schicht eine geänderte Zusammensetzung erhält.

5.2.1.3 Verdampfen mit Elektronenstrahlkanone

Durch Beschuß mit Elektronen läßt sich Material erhitzen und verdampfen. Dieses Verfahren wird vor allem im Ultrahochvakuum von ca. 10^{-9} mbar angewandt. Eine Einrichtung zur Verdampfung nach Bild 66 besteht aus einer geheizten Kathode als Elektronenquelle, einem Wehnelt-Zylinder zur Fokussierung und einer magnetischen Strahlablenkung, die durch die Spule S symbolisch angegeben ist. Der Elektronenstrahl in Bild 66 wird 270°C umgelenkt und trifft dann auf das zu verdampfende Material im Schiffchen. Eine Umlenkung um 110°C ist ebenfalls üblich. Die Umlenkung hat die Aufgabe, die Elektronenquelle möglichst weit vom verdampften Material wegzurücken und abzuschirmen, wodurch ihre Lebensdauer erhöht wird. Der Materialbehälter braucht bei diesem Verfahren nicht auf die Verdampfungstemperatur seines

Inhalts erhitzt werden, wodurch Standzeitprobleme entfallen. Der Behälter ist wassergekühlt. Außerdem lassen sich dadurch Stoffe mit hoher Verdampfungstemperatur, wie z.B. Tantal, leichter verarbeiten.

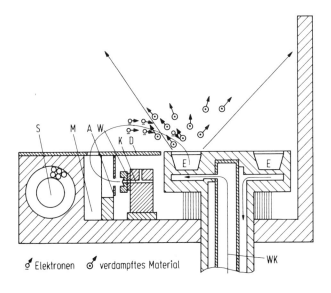

A Anode
K Kathode
W Wehneltblende
S Spule
M Polschuh
D Deckplatte
E Tiegel
WK Wasserkühlung

Bild 66. Einrichtung zur Verdampfung mit Elektronenstrahlkanone (nach Balzers).

5.2.2 Verdampfbare Materialien und deren Eigenschaften

Unter dem Dampfdruck eines Materials versteht man den Druck, bei welchem zwischen den Atomen in der Gasphase und denen in der flüssigen oder festen Phase Gleichgewicht herrscht. Dabei treten gleich viele Atome aus der Gasphase in die flüssige oder feste, wie in umgekehrter Richtung in die Gasphase gelangen. Der Dampfdruck ist temperaturabhängig, was in Bild 67 für einige Stoffe dargestellt ist. Hieraus ist zu entnehmen, bis zu welcher Temperatur ein Stoff bei gewünschtem Partialdruck des verdampften Materials im Rezipienten ohne Abpumpen erhitzt werden muß. Bei 10^{-3} mbar sind z.B. festes Ni und flüssiges Cu bei den zugehörigen Temperaturen jeweils für sich im Gleichgewicht. Der Druck der Restgase im Rezipienten sollte kleiner als 10^{-4} mbar sein, damit die freie Weglänge der verdampften Atome so groß ist, daß sie ohne Kollision zum Substrat gelangen. Dabei ist ein Abstand zwischen Verdampfungsquelle und dem Substrat von ca. 30 cm unterstellt.

Ein weiteres für die Verdampfung wichtiges Maß ist die Verdampfungswärme, die in J/mol angegeben wird[1]. Einige Verdampfungswärmen, ein Maß für die benötigte Energiezufuhr, sowie weitere Kenngrößen sind in Tabelle 11 enthalten.

---

[1] Ältere Maßeinheit: 1 cal/mol = 4,2 J/mol.

5.2 Aufdampfen von Schichten

Das Haftvermögen einer aufgedampften Schicht auf dem Substrat hängt im wesentlichen von den drei folgenden Eigenschaften ab:

1. Chemische Bindungskräfte treten auf, wenn die verdampften Atome der ersten Schicht mit der Substratoberfläche eine chemische Verbindung eingehen.
2. Bei der physikalischen Adsorption wirken van der Waalsche Kräfte als Anziehungskräfte zwischen Molekülen.
3. Wenn Atome sich unter Bildung von Kristallgittern auf dem Substrat niederschlagen, wirken Haltekräfte des Atomverbandes auf das einzelne Atom.

Die i.a. experimentell ermittelten Hafteigenschaften einiger Stoffe sind in Tabelle 11 enthalten. Für schlecht haftende Materialien wird oft eine NiCr- oder Cr-Unterlage als Haftschicht verwendet. Die Haftkräfte werden durch Verunreinigungen auf der Oberfläche oder durch dort adsorbierte Gase herabgesetzt, was durch Reini-

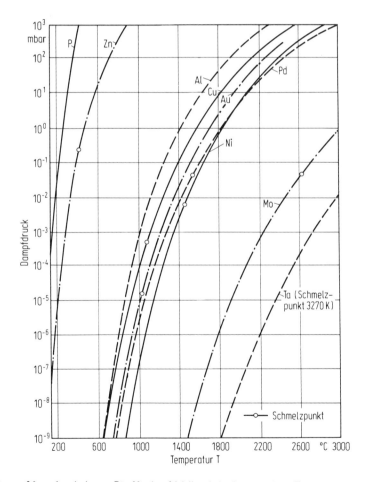

Bild 67. Dampfdruck einiger Stoffe in Abhängigkeit von der Temperatur (nach R.E. Honig).

gung und Ausheizen im Vakuum bis z.B. 300°C behoben wird. Rauhe Oberflächen können die Haftfestigkeit erhöhen, weil eine Verzahnung mit der Schicht möglich ist.

Tabelle 11. Einige Eigenschaften von Stoffen, die zur Aufdampfung verwendet werden

	Al	Cr	Ni	80 % Ni 20 % Cr	Cu	Au	SiO
Schmelzpkt. in °C	660	1900	1452	-	1084	1063	-
Temp. in °C beim Dampfdruck $1,3 \cdot 10^{-2}$ mbar	1217	1397	1527	-	1257	1397	ca. 1020
Verdampfungswärme in J/mol	283	375	402	-	336	371	-
Haftfestigkeit auf Glas und Al-Keramik	schwach	sehr gut	gut	gut	schlecht	schlecht	gut
ρ in $\mu\Omega$cm	2,9	13	13	108	1,75	2,3	$\varepsilon_r = 5$ $\tan\delta = 10^{-4}$ bei 1 kHz
TKR in ppm/K	3000	3000	3600	110	3900	4000	TKC = 100...200
Anwendung	Leiter	Wid.- und Haft-Schicht	Wid.	Wid.- und Haft-Schicht	Leiter	Leiter	Dielektrikum

5.2.3 Dicke der aufgedampften Schicht

5.2.3.1 Berechnung der Schichtdicke [2, 11]

Von einer Punktquelle Q im Ursprung des Koordinatensystems in Bild 68 wird gleichmäßig nach allen Richtungen die gesamte Masse m verdampft. Die Kugel mit Radius r empfängt also auf ihrer gesamten Oberfläche $O_K = 4\pi r^2$ die Masse m. Im Kegel mit Öffnungswinkel $d\varphi$ wird die Masse dm auf die Kugeloberfläche dO_K transportiert. Es gilt damit

$$\frac{dm}{m} = \frac{dO_K}{O_K}$$

oder

$$dm = \frac{m}{4\pi r^2} dO_K . \tag{79}$$

5.2 Aufdampfen von Schichten

Das ebenfalls vom Kegel berandete Flächenelement dO empfängt dieselbe Masse dm wie das Element dO_K; dO liegt parallel zur Abzisse. Es gilt

$$dO_K = dO \cos \beta ,\qquad(80)$$

womit (79) die Gestalt

$$dm = \frac{m}{4\pi r^2} \cos \beta \, dO \qquad(81)$$

erhält. Aus Bild 68 folgen

$$r^2 = h^2 + x_0^2 \qquad(82a)$$

und

$$\cos \beta = \frac{h}{\sqrt{h^2 + x_0^2}} , \qquad(82b)$$

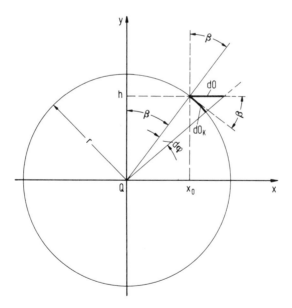

Bild 68. Niederschlag von Material aus der Punktquelle Q auf die Oberflächen dO_k und dO.

was mit (81)

$$dm = \frac{m}{4\pi} \frac{h}{(h^2 + x_0^2)^{3/2}} \, dO \qquad(83)$$

ergibt. Mit der Dichte ς_M der auf dO aufgedampfen Masse dm ergibt sich eine Schichtdicke

$$\delta = \frac{dm}{\varsigma_M dO} , \qquad (84)$$

die mit (83) den Wert

$$\delta = \frac{m}{\varsigma_M 4\pi h^2} \frac{1}{[(1 + (x_0/h)^2]^{3/2}} \qquad (85)$$

annimmt. Die Dicke bei $x_0 = 0$ ist

$$\delta_0 = \frac{m}{4\pi h^2 \varsigma_M} ,$$

woraus sich

$$\frac{\delta}{\delta_0} = \frac{1}{[(1 + (x_0/h)^2]^{3/2}} \qquad (86)$$

ergibt.

Ersetzt man die Punktquelle durch eine kleine flächenhafte Quelle, deren Mittelpunkt im Ursprung des Koordinatensystems liegt, dann ergibt sich nach Knudsen

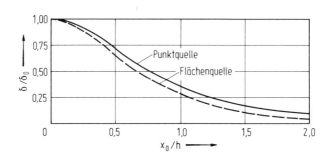

Bild 69. Schichtdicke δ/δ_0 in Abhängigkeit vom Ort x_0.

[47] eine durch den Kegel verdampfte Masse

$$dm = \frac{m}{\pi r^2} \cos \beta \, dO_K . \qquad (87)$$

Daraus folgt mit den Überlegungen in (80) bis (86) für die Dicke

$$\frac{\delta}{\delta_0} = \frac{1}{\left(1 + \left(\frac{x_0}{h}\right)^2\right)^2} \qquad (88a)$$

5.2 Aufdampfen von Schichten

mit

$$\delta_0 = \frac{m}{\pi h^2 \varsigma_M} \cdot \qquad (88b)$$

(86) und (88a) ergeben, wie im Bild 69 dargestellt, die Schichtdicke auf einem Substrat, das im Abstand h parallel zur Fläche der Quelle angeordnet ist. Um eine konstante Schichtdicke zu erzielen, muß man bei einer Punktquelle die Substrate tangential an die Oberfläche einer Kugel anordnen, deren Mittelpunkt in der Quelle liegt. Will man die Substrate in Ebenen legen, dann muß bei der punkt- und flächenförmigen Quelle $x_0/h \approx$ const gemacht werden, d.h. mit steigendem Abstand x_0 muß die Entfernung h zunehmen. Dabei nimmt aber nach (86) und (88a,b) die Dicke selbst ab. (86) und (88a) können auch für aufgestäubte Schichten verwendet werden.

5.2.3.2 Messung der Schichtdicke

Wägen. Mit einer Waage, die eine Empfindlichkeit von einigen Mikrogramm haben muß, kann man das Gewicht des Substrates vor und nach dem Beschichten messen und aus dem spezifischen Gewicht und der Fläche der Schicht die Dicke berechnen.

Messung während der Beschichtung eines Substrates. Ein Schwingquarz erniedrigt seine Resonanzfrequenz, wenn seine Flächen mit einer zusätzlichen Masse belastet werden. Der Quarz wird im Rezipienten angebracht und zusammen mit dem Substrat beschichtet. Aus der Verschiebung der Resonanzfrequenz werden die Schichtdicke oder die Aufdampf- bzw. Aufstäubrate, z.B. in nm/min, ermittelt. Um Temperatureinflüsse zu beseitigen, muß der Quarz mit Wasser gekühlt werden. Man kann entweder nach der Messung das aufgedampfte Material vom Quarz abheben oder weitere Messungen von der neuen Ausgangsfrequenz aus durchführen.

Mechanische Dickenmessung. Bei dieser Messung wird eine Stufe nach Bild 70 benötigt. Ein mechanischer Fühler mit einem Diamantkopf von z.B. 2,5 µm Durchmesser ta-

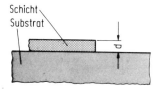

Bild 70. Stufe zur Messung der Schichtdicke d.

stet die Oberfläche ab und gibt die Stufenhöhe über Hebelarme verstärkt auf einer Meßuhr wieder [48]. Damit läßt sich eine Auflösung von ± 0,2 µm erzielen. Wird der Höhenunterschied in ein elektrisches Signal umgesetzt und verstärkt, dann kann man Messungen mit einer Ungenauigkeit von ± 4 nm ausführen.

Interferenzmikroskop [27]. Mit dem Interferenzmikroskop in Bild 71 [49] werden zwei Strahlen einer möglichst monochromatischen Lichtquelle erzeugt. Einer wird von der Oberfläche der Schicht und des Substrates, der andere vom Referenzspiegel reflektiert. Die beiden Strahlen interferieren in der Zwischenbildebene. Der Neigung α des Referenzspiegels erzeugt beim zweiten Strahl einen Gangunterschied, so daß in der Bildebene ein periodisches und paralleles Raster aus hellen und dunklen Streifen entsteht. Jener Teil des Lichtes, der vom Substrat reflektiert wird, weist aufgrund der Stufe auf dem Substrat einen weiteren Gangunterschied auf, was zu einer Versetzung der parallelen Streifen des Rasters nach Bild 72 führt. Der Abstand d in Bild 72 ist mit der Erläuterung in Bild 72 ein Maß für die Schichtdicke. Die Messung wird ungenau, wenn die Kanten der parallelen Streifen einen weichen Übergang haben. Durch Photographieren mit einem harten Film läßt sich die Kantenschärfe erhöhen [88]. Denselben Effekt erzeugt ein Vielstrahl-Interferenzmikroskop.

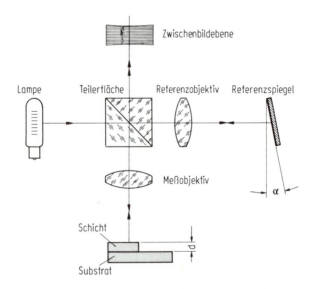

Bild 71. Interferenzmikroskop zur Messung der Schichtdicke d.

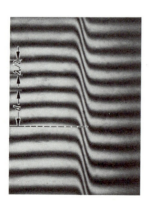

Bild 72. Rasterbild eines Interferenzmikroskopes mit Sprung zur Bestimmung der Schichtdicke d. Der Abstand der Rasterlinien ist die halbe Wellenlänge λ des verwendeten möglichst monochromatischen Lichts.

5.2 Aufdampfen von Schichten

5.2.4 Aufgedampfte elektrische Bauteile

5.2.4.1 Leiterbahnen

Das beste, aber auch teuerste Leitermaterial ist eine ca. 5 µm starke Au-Schicht, die eine NiCr- oder Cr-Haftschicht benötigt. Um Material zu sparen, wird oft eine dünne aufgedampfte Au-Schicht nachträglich selektiv galvanisch verstärkt. Die galvanische Verstärkung ist in Abschnitt 5.4.1 dargestellt.

Billigere Schichtfolgen sind 30 nm NiCr als Haftschicht, 6 µm Cu als Leitermaterial; 100 nm Cr als Haftschicht, maximal 1 µm Au zum Schutz vor Oxidation [50]. Letzteres kann auch galvanisch abgeschieden werden. Die Schichtfolge Cu-Fe-Cu hat sich ebenfalls bewährt [51]. Darüber hinaus kann auch die Folge Fe-BNi verwendet werden [52]. Al kommt als Elektroden- und Leitermaterial in Frage, falls die Oxidation verhindert werden kann. Dies ist in der Halbleitertechnik durch hermetisches Versiegeln möglich. In der Schichttechnik muß Al, falls es überhaupt verwendet wird, an den Stellen für weitere Anschlüsse durch Schutzschichten vor Oxidation bewahrt werden. Diese Schutzschicht entfällt bei Ultraschallbonden (vgl. Abschnitt 6.3). Abtragen der Al-Oxid-Schicht durch Sputterätzen ist ebenfalls möglich.

Die Haftschicht kann nach T. Kallfaß [53] entfallen, wenn man vor dem Aufdampfen der Leiterbahn die Substratoberfläche durch Sputterätzen reinigt und danach im selben Vakuum aufdampft. Damit lassen sich bei Au auf Corning-Glas 7056 ohne Haftschicht bei senkrechtem Abzug der Probe Haftkräfte von mindestens 30 N/mm^2 erzielen. Die Haftfestigkeit erhöht sich, wenn bei tieferem Druck aufgedampft wird. Dies ist vermutlich auf die wegen der größeren freien Weglänge höhere Energie der auf dem Substrat auftreffenden, verdampften Atome zurückzuführen.

Cu, Ag, Au und Al neigen zur Bildung von "Spritzern" beim Aufdampfen, wobei die Häufigkeit solcher plötzlichen Eruptionen von Material mit obiger Reihenfolge abnimmt. Zum Schutz gegen Spritzer kann man bei abgedecktem Substrat vordampfen und beim Aufdampfen selbst den Dampfstrahl gegen heiße Zwischenblenden prallen lassen. Auch bei gesputterten Bauteilen werden die Leiterbahnen in der Regel aufgedampft.

5.2.4.2 Widerstände

Das wohl gebräuchlichste Widerstandsmaterial ist die Legierung aus 80 % Ni und 20 % Cr [54, 55, 56]. Bei 1527°C ist der Dampfdruck von Ni 10^{-2} mbar und der von Cr 10^{-1} mbar, weshalb Cr zuerst und schneller verdampft. Die unterste Schicht auf dem Substrat wird damit Cr-reicher, was das Haftvermögen erhöht. Die stöchiometrische Zusammensetzung bleibt bei Flashverdampfung, Verdampfung aus zwei getrennten Quellen oder Verdampfung mit entsprechend mehr Ni als Cr in einem Schiffchen erhalten. Durch Zugabe von geringen Mengen von Cu, Al oder Si kann der TKR ≈ 0 gemacht werden. Ni-Cr-Widerstände sind in Feuchtigkeit instabil und müssen mit einem SiO_x-Überzug geschützt werden. Die Langzeitstabilität von NiCr auf Corning-Glas 7056 ist nach vorausgegangener dreistündiger Temperung bei 300°C [57]

$$\frac{\Delta R}{R} = 0,4\% \text{ bei } 150°C \text{ nach } 3000\,h,$$

$$\frac{\Delta R}{R} = 0,1\% \text{ bei } 20°C \text{ nach } 30000\,h.$$

Der spezifische Widerstand von NiCr-Schichten ist herunter bis zu Dicken von 5 nm derselbe wie bei massivem Material.

5.2.4.3 Dielektrika

Bei Temperaturen von 1250 bis 1400°C wird SiO verdampft und erzeugt Schichten vornehmlich aus SiO und Anteilen von Si, SiO_2 und weiteren Si-Oxiden [56, 57, 58]. Kapazitäten mit SiO als Dielektrikum haben bevorzugt Al als Grund- und Deckelektrode. Zur Verbesserung der Haftung liegt unter der Deckelektrode eine aufgedampfte NiCr-Schicht. Bild 73 zeigt eine Anordnung zum Aufdampfen von SiO. Beste Eigenschaften der Kondensatoren erhält man, wenn das Substrat beim Aufdampfen auf ca.

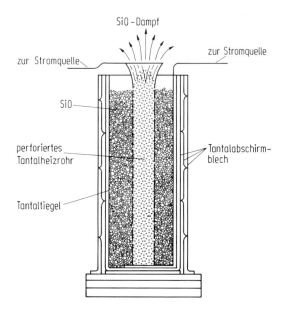

Bild 73. Verdampfung von SiO aus einer Quelle (nach C.E. Drumheller).

250°C erwärmt ist und eine Aufdampfgeschwindigkeit von ca. 0,17 nm/s eingehalten wird. Ein typischer Wert für die Langzeitstabilität ist

$$\frac{\Delta C}{C} = 0,04\,\% \text{ bei } 150°C \text{ nach } 20000\,h\,.$$

Die Abhängigkeit des Verlustfaktor $\tan\delta$ von den Partialdrucken der Restgase H_2O, N und O zeigt das Bild 74. Am günstigsten dampft man bei Partialdrucken oberhalb 10^{-5} mbar auf [57].

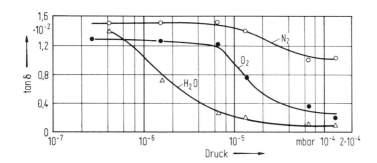

Bild 74. Verlustfaktor $\tan\delta$ von SiO-Kondensatoren in Abhängigkeit vom Partialdruck von Restgasen (nach [57]).

NiCr-Widerstände und SiO-Kondensatoren stellen ein verbreitetes und erfolgreiches Dünnschichtsystem dar. Die Substrate werden ganzflächig bedampft. Widerstandsbahnen, Kapazitäten und Leiter werden mit Hilfe von Photolithographie und Ätztechnik herausgearbeitet, was bei der Sputtertechnik behandelt wird. Aufdampfen durch Masken hindurch ist ebenfalls möglich, gilt aber wegen der häufig nötigen Maskenreinigung als weniger geeignetes Verfahren.

5.3 Aufstäuben von Schichten

5.3.1 Sputtervorgang

Aufstäuben oder Sputtern von Schichten geschieht in einem Rezipienten nach Bild 75 [2][11]. Das Gefäß wird zuerst auf einen Druck von weniger als 10^{-5} mbar evakuiert und dann je nach Anlage bis zu einem Druck von 10^{-3} bis 10^{-2} mbar mit Ar gefüllt. Die vorangegangene Evakuierung soll eine möglichst reine Ar-Füllung sichern. In einer Diodenanlage wird zwischen Anode und Kathode, die sich in Abstand von einigen cm voneinander befinden, eine Gleichspannung von einigen Kilovolt gelegt, die eine Gasentladung verursacht und das Argon zu Ar^+ ionisiert. In manchen Anlagen wird die Gasentladung durch thermische, aus einer dritten Elektrode emittierte Elektronen unterstützt. Man spricht dann von einer Triodenanlage.

Das ionisierte Ar bildet im Feld zwischen Anode und Kathode ein Plasma, aus dem Ar^+-Ionen auf die Kathode beschleunigt werden. Das Kathodenmaterial besteht aus dem zu zerstäubendem Material, wofür in der Dünnschichttechnik i.a. Ta verwendet wird. Die Kathode wird auch Target genannt. Das Ar^+-Bombardement schlägt aus dem Target ungeladene Atome heraus und versieht sie mit kinetischer Energie. Sie fliegen in den Raum zwischen Anode und Kathode und schlagen sich überall in diesem Bereich nieder. Die Substrate, auf denen sie sich hauptsächlich absetzen sollten, sind in der Regel bei der Anode angeordnet, von der sich nach Bild 75 ringförmig umgeben sind. Sie liegen meist an keiner äußeren Spannung und nehmen das Potential des dort herrschenden elektrischen Feldes an.

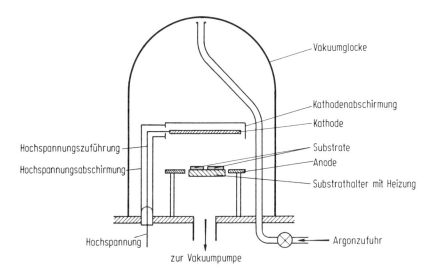

Bild 75. Prinzipieller Aufbau einer Dioden-Sputteranlage.

Die Atome aus dem Target bilden auf den Substraten einen i.a. homogenen, dichten und sehr haftfähigen Film. Die Ar^+-Ionen werden auf dem Target entladen, falls dieses ein leitendes Material darstellt. Bei Targets aus Nichtleitern tritt eine positive Aufladung der Kathode auf, die das Eintreffen weiterer Ar^+-Ionen verhindert, wodurch der Sputtervorgang abbricht.

Das Sputtern von Nichtleitern benötigt eine Wechselspannung zwischen Anode und Kathode und wird später beschrieben.

Während des Sputtervorgangs werden geringe Mengen von Ar^+-Ionen und, falls die Athmosphäre noch Verunreinigungen enthält, auch weitere meist unerwünschte Stoffe in den Film eingebaut. Durch letztere werden die elektrischen Eigenschaften der Schicht in unkontrollierter Weise verändert, weshalb eine reine Sputterkammer un-

5.3 Aufstäuben von Schichten

bedingt notwendig ist. Die im Vergleich zu Bild 75 umgekehrte Anordnung mit oben liegenden Substraten und unten angebrachtem Target hat den Vorteil, daß sich auf dem Substrat keine Staubteilchen absetzen können.

5.3.2 Erzeugung des Plasmas

Legt man an eine Gasstrecke, die einen Druck von 10^{-2} bis 10^{-3} mbar besitzt, nach Bild 76a eine Gleichspannung U_0, so fließt ein Strom i, der sich aus Elektronen und positiven Ionen zusammensetzt. Zwischen der Spannung u_{AK} an der Gasstrecke und i besteht der nichtlineare Zusammenhang nach Bild 76b. Eine Sputteranlage betreibt man, wie später noch erläutert wird, im Bereich der abnormalen Glimmzone in Bild 76b.

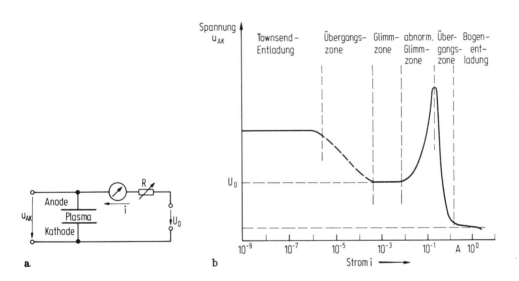

Bild 76a,b. Gasstrecke. a) Schaltung; b) Spannung u_{AK} und Strom i.

Bei der normalen und abnormalen Glimmentladung bilden sich zwischen Anode und Kathode Zonen aus, die sich, wie im Bild 77 dargestellt ist, durch die Intensität des von ihnen ausgehenden Glimmlichtes und durch die Spannung u(x) in Bild 77 unterscheiden. Im Kathoden-Glimmraum ionisieren die beschleunigten Elektronen das Gas. Bei hohem Gasdruck, d.h. bei kleiner freier Weglänge, wir die hierzu nötige Bewegungsenergie der Elektronen erst in größerem Abstand von der Kathode erreicht. Dies hat auch einen größeren Abstand des negativen Glimmlichtes und dann auch der Anode von der Kathode zur Folge. Für den Abstand d des negativen Glimmlichtes von der Kathode gilt bei normaler Entladung und dem Gasdruck p

$$pd = K,$$

wobei die Konstante K bei Ar den experimentell gefundenen Wert K = 0,4 mbar · cm besitzt. Daraus folgt bei p = 1,3·10^{-2} mbar d = 30 cm, was zu einem unhandlich großen Abstand Anode-Kathode von mehr als 30 cm führt. Bei abnormaler Entladung in Bild 76b, d.h. bei größerer Spannung u_{AK}, werden die Elektronen stärker beschleunigt, so daß das negative Glimmlicht näher bei der Kathode auftritt. Dadurch werden die Abmessungen auf handliche Größen reduziert. Außerdem steigt wegen der höheren Spannung die Sputterrate nach Abschnitt 5.3.3.

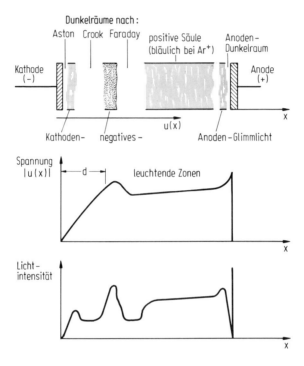

Bild 77. Spannung $|u(x)|$ und Lichtintensität bei einer Plasmasäule (nach [2]).

Als günstiges Maß für den Abstand der Substrate bzw. der Anode von der Kathode hat sich das Doppelte des Abstandes Kathode-Crookescher Dunkelraum in Bild 77 erwiesen.

5.3.3 Sputterausbeute und Sputtergeschwindigkeit

Durch das Bombardement des Targets mit Ar$^+$-Ionen werden als erstes Verunreinigungen und adsorbierte Gase abgestäubt. Daher sollten in dieser Phase die Substrate durch eine Blende (shutter) abgedeckt werden. Nach diesem Saubersputtern des Targets wird die Blende geöffnet.

5.3 Aufstäuben von Schichten

Das Zerstäuben des Targetmaterials geschieht mit einer Ausbeute $\eta = Z_T/Z_G$. Dabei ist Z_T die Zahl der aus dem Target herausgeschlagenen Targetatome und Z_G die Zahl der aufs Target einfallenden Gasionen; η ist abhängig von der Masse und der Energie der Gasionen, vom Targetmaterial und vom Gasdruck in der Sputterkammer.

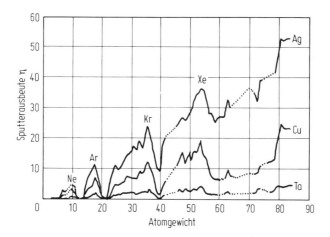

Bild 78. Sputterausbeute η in Abhängigkeit von der Masse des Sputtergases bei 45 keV Ionenenergie (nach Almen und Bruce).

Bild 78 zeigt η in Abhängigkeit von der Masse der Gasionen für verschiedene Target-Materialien und bei einer konstanten Bewegungsenergie der Ionen von 45 keV. Größere Massen schlagen mehr Targetatome heraus. Die Einbrüche bei einigen Massen sind nicht völlig erklärt. In Bild 79 ist für Cu η als Funktion der Energie der Ar-Ionen dargestellt. Der Sputtervorgang setzt erst oberhalb einer Energieschwelle ein; η nimmt bei zu großer Energie wieder ab, weil einige Gasionen dann im Target stecken bleiben und damit ihre Energie nicht mehr an die Targetatome abgeben.

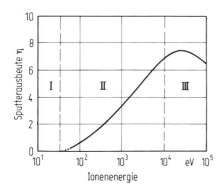

Bild 79. Sputterausbeute von Kupfer als Funktion der Energie der einfallenden Ar-Ionen (nach L.I. Maissel).

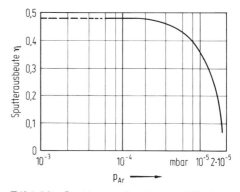

Bild 80. Sputterausbeute von Ni als Funktion des Ar-Druckes (nach Laegreid und Wehner).

Bild 80 zeigt schließlich η für Ni als Funktion des Gasdruckes. Bei größeren Drucken nimmt η ab, weil die freie Weglänge für Targetatome abnimmt und dadurch immer mehr Targetatome durch einen Stoß mit den Gasionen wieder zum Target zurückgeworfen werden.

Falls das Target eine Kristallstruktur hat, kann η von der Einfallsrichtung der Ionen abhängen. Tabelle 12 zeigt einige Zahlenwerte für η.

Tabelle 12. Sputterausbeute η für einige Metalle

Target	Ta	Al	Au	Cu	Ni	Fe	Ti	Wo	Ag
η	0,6	1,2	2,8	2,3	1,5	1,3	0,6	0,6	3,4

Die Sputtergeschwindigkeit (Sputterrate) W gibt die Zahl der auf dem Substrat abgelagerten Targetatome/Zeiteinheit an. Sie ist proportional zum Ionenstrom j, zur Targetfläche A und zu η. Es gilt

$$W = C_0 A j \eta \tag{89}$$

wobei C_0 eine Proportionalitätskonstante ist, die von der Anlage sowie von der geometrischen Anordnung und Größe der Substrate abhängt. Beim Zerstäuben von Legierungen kann man von einem zusammengesetzten Target, z.B. nach Bild 81,

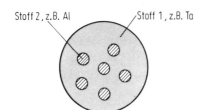

Bild 81. Aus zwei Stoffen zusammengesetztes Target.

ausgehen, bei dem der Stoff 1 mit der Ausbeute η_1 die Targetfläche A_1 und der Stoff 2 mit der Ausbeute η_2 die Fläche A_2 einnimmt. Die jeweiligen Sputtergeschwindigkeiten sind dann

$$W_1 = C_0 A_1 j \eta_1 \tag{90a}$$

und

$$W_2 = C_0 A_2 j \eta_2 , \tag{90b}$$

woraus für das Verhältnis W_1/W_2, mit dem die beiden Stoffe in der aufgestäubten Schicht auftreten, folgt

$$\frac{W_1}{W_2} = \frac{A_1 \eta_1}{A_2 \eta_2} . \tag{91}$$

5.3 Aufstäuben von Schichten

Für ein vorgeschriebenes Verhältnis W_1/W_2 und eine gegebene Gesamtfläche

$$A = A_1 + A_2 \qquad (92)$$

erhält man aus (91) und (92) die notwendigen Targetflächen

$$A_1 = \frac{A}{1 + \alpha} \qquad (93a)$$

und

$$A_2 = \alpha \frac{A}{1 + \alpha}, \qquad (93b)$$

wobei

$$\alpha = \frac{W_2}{W_1} \frac{\eta_1}{\eta_2} \qquad (93c)$$

ist.

Der Anteil eines Stoffes in einer Legierung wird i.a. in Atom-Prozent (at-%) angegeben; z at-% heißt, daß z-Atome eines Stoffes auf 100 Atome der Legierung entfallen. Hat man also z.B. die Aufgabe, eine Ta-Al-Legierung mit 90 at-% Ta und 10 at-% Al aufzustäuben, so werden mit $\eta_{Ta} = 0,6$ und $\eta_{Al} = 1,2$ nach (93c) α = 90/10 · (1,2/0,6) = 18 und der jeweilige Bedarf an Targetfläche nach (93ab) A_{Ta} = 18/19 A und A_{Al} = 1/10 A.

Übliche Aufstäubungsgeschwindigkeiten für Ta liegen im Bereich von 10 bis 20 nm/min. Sie steigen nach (89) mit zunehmendem Ionenstrom j oder nach Bild 76a mit zunehmendem Gesamtstrom i, der von der Sputterleistung $N_S = U_0 i$ abhängt. Bei Magnetrons kann die Aufstäubgeschwindigkeit bei Ta auf ca. 0,2 μm/min gesteigert werden.

5.3.4 Sputtern mit Vorspannung am Substrat

Die Spannungen zwischen den Elektroden sowie dem Substrathalter und der Anode sind aus Bild 82 zu entnehmen. Die Spannung U_S spannt die Substrate vor. Bei negativem U_S werden auch die Substrate mit Ar^+-Ionen bombardiert, was zur Substratreinigung beiträgt, aber auch den Einbau von Ar-Atomen in die Schicht erhöht. Letzteres beeinflußt die Eigenschaften der entstehenden Schicht. Darüber hinaus führt bei negativem U_S das Ar^+-Bombardement zu einer teilweisen Zerstäubung der sich gerade bildenden Schicht auf den Substraten. Aus diesem Grund nimmt die Aufstäubgeschwindigkeit W, wie in Bild 83 zu sehen ist, bei negativem U_S mit fallendem U_S ab. Ein positives U_S wird, insbesondere wegen des Wegfalls der Reinigungswirkung, selten angewandt. U_S beeinflußt die energetischen Verhältnisse auf dem Substrat und den Einbau von Gasionen und damit die Eigenschaft der Schicht. Als Beispiel hierfür zeigt Bild 84 den spezifischen Widerstand und die Gitterstruktur von Ta-Schichten als Funktion von U_S.

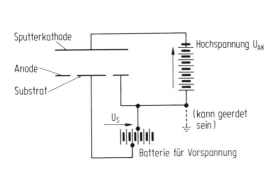

Bild 82. Schaltbild für Sputtern mit vorgespannten Substraten (Bias-Sputtern, nach [2]).

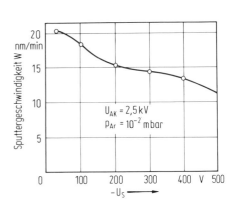

Bild 83. Sputtergeschwindigkeit W als Funktion der Vorspannung $U_s < 0$.

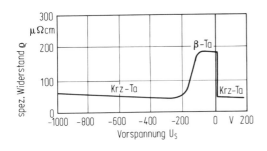

Bild 84. Spezifischer Widerstand ρ von aufgestäubtem Ta in Abhängigkeit von der Vorspannung U_s (nach [2]).

5.3.5 Sputtern mit Hochfrequenz

Eine Anlage zum Sputtern mit einer hochfrequenten Spannung (HF) von einigen kV zwischen Anode und Kathode ist in Bild 85a dargestellt. Mit HF-Sputtern lassen sich neben leitenden Stoffen auch Isolatoren zerstäuben.

Die Vorgänge beim HF-Sputtern werden an Hand des prinzipiellen Aufbaus in Bild 85b erläutert. Der Kathode K steht die räumlich ausgedehntere Anode A gegenüber, zu der elektrisch auch der ganze, meist geerdete Innenaufbau des Rezipienten gehört. Die hochfrequente Wechselspannung U_{HF} liegt über den Kondensator C nahezu vollständig zwischen A und K. Sie erzeugt im Raum zwischen A und K eine elektrische Feldstärke, deren Amplitude in der Nähe der Kathode am größten ist und nach A hin abnimmt. Der Grund hierfür ist die Verdichtung des Felds auf

5.3 Aufstäuben von Schichten

die räumlich kleinere Kathode hin. Nach erfolgter Ionisation werden die Ar^+-Ionen aus dem Gebiet großer Feldstärke vor K stärker herausbewegt als aus Gebieten kleinerer Feldstärke. Dadurch bildet sich in einem Bereich B näher bei A eine Anhäufung von Ar^+-Ionen, was eine negative Aufladung von K zur Folge hat. Diese Ladung kann wegen des Kondensators C nicht abfließen, wodurch die negative Vorspannung von K während des ganzen Sputtervorganges erhalten bleibt. Sie erreicht i.a. einige 1000 V.

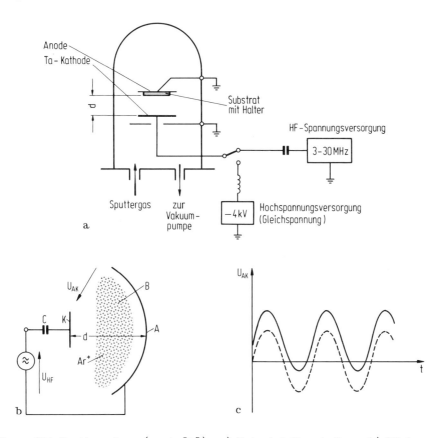

Bild 85a-c. HF-Sputteranlage (nach [2]). a) Prinzipieller Aufbau; b) Wirkungsweise; c) Zeitlicher Verlauf der Spannung u_{AK} beim HF-Sputtern mit f > 1 MHz. Gestrichelt: niedrige Frequenzen.

Den zeitlichen Verlauf der Spannung u_{AK} zwischen A und K zeigt die ausgezogene Linie in Bild 85c. Für $u_{AK} > 0$ wird das Target K mit Ar^+-Ionen bombardiert und zerstäubt. In den kleineren Zeitabschnitten mit $u_{AK} < 0$ fliegen Elektronen nach K und heben die von den Ar^+-Ionen herrührende positive Aufladung wieder auf. Damit können später weitere Ar^+-Ionen eintreffen. K braucht deshalb kein Leiter zu sein, d.h. es lassen sich auch Isolatoren zerstäuben. Während der kleinen Zeit mit $u_{AK} < 0$ reicht die Feldstärke vor A i.a. nicht aus, um mit Ar^+-Ionen Anodenmaterial zu zerstäuben. Eine Anhäufung von Elektronen, analog zu der von Ar^+-Ionen, tritt nicht auf, weil diese infolge ihrer geringeren Masse rasch bewegt werden können und somit dem E-Feld nachfolgen. Ist die Frequenz der Sputterspannung zu klein, dann haben auch die schweren Ar^+-Ionen Zeit, dem E-Feld zu folgen. Eine Anhäufung von Ar^+-Ionen entfällt dann ebenfalls. Das hat zur Folge, daß sich u_{AK} als die in Bild 85c gestrichelt eingezeichnete Linie einstellt. In diesem Fall wird bei $u_{AK} > 0$ vom Target und bei $u_{AK} < 0$ vom Substrat während gleich langer Zeiten abgesputtert, was einen unerwünschten Betrieb darstellt. Dies wird vermieden, wenn die Frequenz oberhalb von 1 MHz liegt. Häufig wählt man die von der Post zugelassene Frequenz 13,56 MHz.

Bei höheren Frequenzen erscheint eine Gruppe von Elektronen, die nicht direkt von der Kathode herkommen und zur Anode fliegen, sondern im Wechselfeld oszillieren und dabei Argon ionisieren. Dieser oszillierende Anteil ionisiert mehr Gasatome als die Elektronen, die nur einen einmaligen Durchgang von Kathode zu Anode hinter sich bringen. Daher kann bei HF-Sputtern mit tieferem Ar-Druck gearbeitet werden. Damit die oszillierenden Elektronen nicht auf die Elektroden aufprallen, muß deren Abstand d in Bild 85b genügend groß sein.

Die Elektronen haben im homogenen elektrischen Feld der Stärke E und der Kreisfrequenz ω_0 im stationären Zustand eine Geschwindigkeit

$$v = bE \cos \omega_0 t ,$$

wobei b die Beweglichkeit ist. Der Ort eines Elektrons ist, gemessen als Abweichung s von seinem Ort bei t = 0,

$$s = \int_0^t v dt = \frac{bE}{\omega_0} \sin \omega_0 t ,$$

woraus die Amplitude

$$\hat{s} = \frac{bE}{\omega_0}$$

folgt. Die Bedingung

$$d > 2\hat{s} = 2 \frac{bE}{\omega_0}$$

verhindert den Aufprall der oszillierenden Elektronen auf die Elektroden. Die oszillierenden Elektronen unterstützen, wie erwähnt, die Ionisation, weshalb, insbesondere bei großem Abstand zwischen Target und den Substraten, ein Herausfliegen möglichst vieler dieser Elektronen aus dem Plasma verhindert werden sollte. Ein magnetisches Gleichfeld **B** parallel zu den Feldlinien des elektrischen Feldes hat

5.3 Aufstäuben von Schichten

gemäß Bild 86 den gewünschten Effekt. Ein herausfliegendes Elektron mit der Geschwindigkeit $\mathbf{v}_1$ in Bild 86 erfährt die Lorenz-Kraft $e(\mathbf{v}_1 \times \mathbf{B})$, $e<0$ und wird ins Plasma zurückgelenkt. Auch bei entgegengesetzter Austrittsgeschwindigkeit $\mathbf{v}_2$ wird das Elektron über die Geschwindigkeiten $\mathbf{v}_3$ und $\mathbf{v}_4$ ins Plasma zurückgeführt. Darüber hinaus bewirkt $\mathbf{B}$ auch eine Bündelung des Plasmas. Das magnetische Gleichfeld B wird durch eine Spule erzeugt, die i.a. außen um den Rezipienten gewickelt ist.

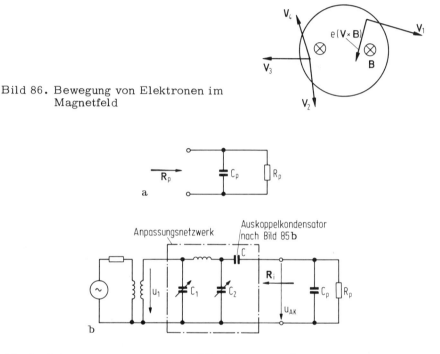

Bild 86. Bewegung von Elektronen im Magnetfeld

Bild 87a,b. Leistungsanpassung beim HF-Sputtern. a) Eingangswiderstand R_p des Plasmas; b) Leistungsanpassung.

Um beim HF-Sputtern eine möglichst große Energie ins Plasma zu übertragen, müssen Spannungsquelle und Verbraucher, d.h. das Plasma angepaßt sein. Der Eingangswiderstand R_p des Plasmas ist in Bild 87a zu sehen. Für den Innenwiderstand R_i der Quelle muß bei Leistungsanpassung $R_i = \overline{R}_p$ gelten, was mit dem Anpassungsnetzwerk in Bild 87b erzielt wird. Zur Anpassung kann man C_1 und C_2 ändern bis $|u_{AK}| = |u_1|/2$ ist.

Die Anordnung in Bild 88 zur Erzeugung eines Ringentladungsplasmas [59a, 59b] benutzt ein hochfrequentes magnetisches Feld, das durch eine außen um den Rezipienten gewickelte Spule erzeugt wird. Die Gasfüllung im Rezipienten wird durch im Magnetfeld beschleunigte Elektronen ionisiert. Die Anode ist ein geschlitzter Metallzylinder. Zwischen Anode und Kathode liegt eine Spannung von ca. 500 V. Eine höhere Spannung wird nicht benötigt, da die Ionisation durch das HF Feld besorgt wird. Die Anlage in Bild 88 enthält darüber hinaus ein Magazin für Substrate, die jeweils in der Lage M bestäubt werden. Zur Füllung des Magazins kann die Blende geschlossen werden, wodurch der Ionisationsraum vor Verunreinigungen geschützt wird, was bei den Anlagen in Bild 75 und Bild 85a nicht möglich ist. Zweckmäßigerweise stattet man das Magazin mit einer getrennten Vakuumpumpe aus.

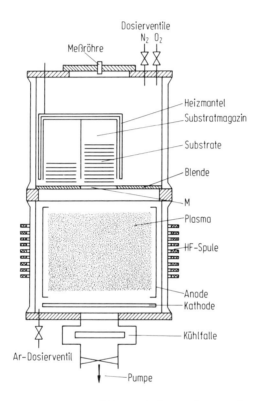

Bild 88. Sputteranlage mit Ringentladungsplasma (nach [80]).

5.3.6 Sputtern mit einem Magnetron [60]

Hinter dem Target wird nach Bild 89 ein Dauermagnet angebracht, dessen Magnetfeld **B** in einem breiten Bereich nahezu senkrecht zum elektrischen Feld **E** steht. Die Elektronen fliegen unter dem Einfluß von **B** und **E** auf Schraubenlinien anstelle von direkten Bahnen zwischen Anode und Kathode. Auf ihrem längeren Weg prallen sie häufiger mit Ar-Atomen zusammen, wodurch der Ionisationsgrad der Gasstrecke stark erhöht wird. Dies führt bei Magnetrons zu einer im Vergleich zu anderen Anlagen bis zu zehnmal größeren Sputterrate. Magnetrons sind deshalb zur Serienpro-

5.3 Aufstäuben von Schichten

duktion sehr geeignet. Zur Ionisation reichen geringere Spannungen im Bereich von 250 bis 500 V aus. Dadurch ist die Zahl und die Energie der auf die Substrate prallenden Elektronen kleiner, wodurch die Hauptursache für die Erhitzung der Substrate herabgesetzt wird. Magnetrons werden bei Gleichspannungs- und HF-Anlagen eingesetzt.

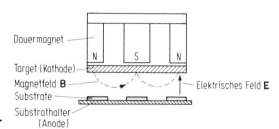

Bild 89. Sputtern mit einem Magnetron.

5.3.7 Sputter-Ätzen

Benutzt man ein beschichtetes Substrat als Target, dann kann man durch Zerstäuben Material abtragen [11, 61a, 61b]. Will man mit diesem Verfahren Strukturen herausätzen, so legt man auf das Substrat eine Maske auf, welche die zu ätzenden Flächen freiläßt. Die Sputterrate des Maskenmaterials muß wesentlich kleiner sein als die Rate der zu zerstäubenden Schicht. Ein zu starkes Zerstäuben der Ränder in der Maske verändert die geometrischen Abmessungen. Beim Sputter-Ätzen kann man z.B. Masken aus Al-Oxid oder aus KTFR[1] verwenden. Mit Sputterätzen lassen sich Linien einer Breite von ca. 3 µm bei einer Tiefe von ebenfalls ca. 3 µm herausätzen. Wird die Maske positiv aufgeladen, dann tritt eine Konzentration der Ätzung auf die Spalte in der Maske auf, womit noch schmälere Linienbreiten erzielbar sind. Eine Unterätzung fällt weg; die Seitenflächen sind nahezu senkrecht zur Oberfläche des Substrats.

Sputterätzen wird zur Erzeugung feiner Strukturen, zur Beseitigung von Oxidschichten auf Oberflächen und zur Reinigung von Oberflächen eingesetzt. Der Übergangswiderstand zwischen zwei leitenden Schichten wird durch Sputterätzen vermindert. Mit sputtergeätzten Oberflächen erzielt man eine höhere Haftfestigkeit der aufgestäubten oder aufgedampften Schicht [53].

5.3.8 Aufgestäubte Schichten für Widerstände

5.3.8.1 Ta-Nitrid- und Ta-Oxinitrid-Widerstände

Für aufgestäubte Widerstände verwendet man i.a. Ta, dessen elektrische Eigenschaften durch Einbau von Fremdatomen stark verändert werden können. Als sol-

---

[1] KTFR: Kodak Thin Film Resist.

che kommen hauptsächlich die preiswerten Gase N_2 und O_2 seltener z.B. auch CO_2 in Frage [62 bis 69]. Die im folgenden genannten Partialdrucke von Gasen wurden stets vor dem Einschalten des Plasmas gemessen.

Füllt man neben dem Sputtergas Ar noch N_2 mit dem Partialdruck p_{N_2} ein, so erhält man als Funktion von p_{N_2} eine Widerstandsschicht, deren spezifischer Widerstand ρ, TKR und Kristallgitter in den Bildern 90ab mit $p_{O_2} = 0$ aufgetragen sind. Die Kurven sind abhängig von der verwendeten Sputteranlage. Die Bilder 90ab wurden in der Gleichspannungsanlage "Sputron II"[1] aufgenommen[2].

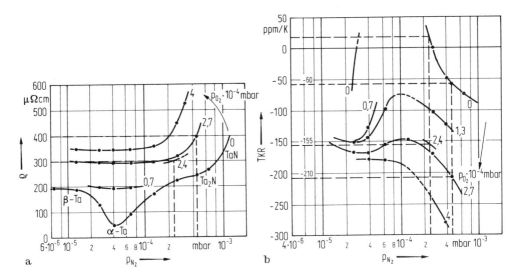

Bild 90a,b. Eigenschaften von Ta-Schichten in Abhängigkeit von p_{N_2} mit p_{O_2} als Parameter; a) spezifischer Widerstand; b) TKR.

Die Schichten mit N-Einbau liefern, wie wir sehen werden, bei den zwei in Bild 90a markierten p_{N_2}-Drucken nämlich $4{,}7 \cdot 10^{-4}$ mbar und $2{,}4 \cdot 10^{-4}$ mbar brauchbare Widerstandsschichten. Die letzteren benötigen zur Stabilisierung noch eine später behandelte O-Zugabe, die zu diesem Zweck bei der erstgenannten Schicht nicht nötig ist. Bild 90a zeigt weitere Kurven für Schichten mit N- und O-Einbau, die sogenannte Tantaloxinitridschichten darstellen. Als Parameter ist dabei p_{O_2} angegeben.

Allgemeinere Angaben zur Kennzeichnung einer Schicht werden im Abschnitt 3.8.2.1 gemacht.

---

[1] Fabrikat Balzers.
[2] Die Messungen zu den Bildern 90 bis 92 stammen von T. Kallfaß.

5.3 Aufstäuben von Schichten

Die erste der beiden Widerstandsschichten tritt dort auf, wo bei $p_{O_2} = 0$ der spezifische Widerstand in Bild 90a relativ flach verläuft. Dies ist wegen der dort geringeren Abhängigkeit von p_{N_2}-Schwankungen technisch interessant, falls die übrigen Eigenschaften, wie z.B. Haftfestigkeit oder Langzeitkonstanz, ebenfalls befriedigend sind. Das "Plateau"-Gebiet bei $p_{N_2} \approx 4,7 \cdot 10^{-4}$ mbar, bei dem Ta-Nitrid Ta_2N entsteht, wird Widerstände liefern, die, wie später ersichtlich ist, nach dem Altern eine große Langzeitkonstanz aufweisen.

Dielektrische Schichten entstehen aus einer Widerstandsschicht durch die später beschriebene Oxidation, welche eine Umwandlung in einen Isolator bewirkt. Ta_2N erweist sich jedoch als ungeeignet für Dielektrika, da sein Oxid schlecht haftet und nicht temperaturstabil ist. Deswegen soll später für Dielektrika eine andere Ausgangsschicht, nämlich β-Ta im Bereich von $p_{N_2} \approx 7 \cdot 10^{-6}$ bis $1,5 \cdot 10^{-5}$ mbar, verwendet werden.

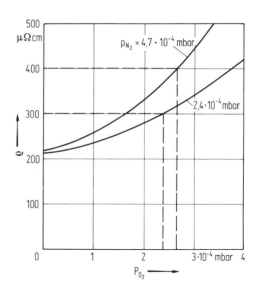

Bild 91. $\rho(p_{O_2})$ bei Ta-Oxinitridwiderständen mit zwei Werten von p_{N_2}.

An dieser Stelle ist nur wichtig zu wissen, daß mit diesem Dielektrikum ein brauchbarer Kondensator mit TKC = 200 bis 220 ppm/K entsteht. Falls eine Schaltung mit nahezu temperaturunabhängiger Zeitkonstante RC gebaut werden soll, muß TKR ≈ -TKC gemacht werden. Dazu muß man den TKR von Ta_2N von -60 ppm/K auf -200 bis -220 ppm/K absenken, was durch zusätzlichen Einbau von Sauerstoff geschieht. Die Bilder 91 und 92 zeigen ρ und TKR dieser Ta-Oxinitrid-Schichten als Funktion von p_{O_2} mit $p_{N_2} = 4,7 \cdot 10^{-4}$ mbar als Parameter. Bei einem Druck

$p_{O_2} \approx 2{,}7 \cdot 10^{-4}$ mbar tritt der gewünschte TKR ≈ -210 ppm/K auf. Ein typischer Wert für den Fehler der Anpassung TKR $\approx$ -TKC ist ± 15 ppm/K[1].

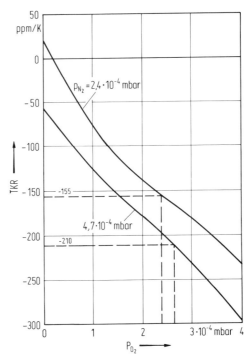

Bild 92. TKR (p_{O_2}) bei Ta-Oxinitridwiderständen mit zwei Werten von p_{N_2}.

Mit einer einzigen Schicht für Widerstände und Kondensatoren kann man nach Untersuchungen von Baeger [70] arbeiten, wenn man von Schichten ausgeht, die in Bild 90a bei $p_{N_2} \approx 2{,}4 \cdot 10^{-4}$ mbar liegen. Die Möglichkeit, aus dieser Schicht auch gute Kondensatoren zu bauen, ist in [71] angegeben. Um auch hier TKR $\approx$ -TKC zu machen, wird auch in diese Schicht zusätzlich noch Sauerstoff eingebaut. Die Bilder 91 und 92 zeigen ρ und TKR in Abhängigkeit von p_{O_2} mit $p_{N_2} = 2{,}4 \cdot 10^{-4}$ mbar als Parameter. Aus Versuchsreihen wurde eine Schicht bei $p_{N_2} \approx 2{,}4 \cdot 10^{-4}$ mbar und $p_{O_2} \approx 2{,}4 \cdot 10^{-4}$ mbar gefunden, bei der die zugehörigen TK-Werte TKR $\approx$ -TKC = -155 ppm/K sind.

In Tabelle 13 sind die Eigenschaften der beiden Arten von Ta-Schichten zusammengestellt, die temperaturkompensierte RC-Produkte liefern. Die zugehörigen Kondensatoren, das Temperverhalten und die Langzeitkonstanz werden später noch allgemein erläutert werden. Bei den Kondensatoren ist die in der Tabelle genannte Schicht die Ausgangsschicht zur Herstellung des Dielektrikums.

Ta-Oxinitrid-Widerstände mit TKR = -210 ppm/K und das Dielektrikum aus β-Ta wurden von den Bell Telphone Laboratories erarbeitet und werden von Western Electric zum Bau von Schaltungen eingesetzt.

5.3 Aufstäuben von Schichten

Tabelle 13. Eigenschaften von temperaturkompensierten Widerständen und Kondensatoren aus Ta-Schichten

	Ta-Oxinitrid $p_{N_2} = 4,7 \cdot 10^{-4}$ mbar $p_{O_2} = 2,7 \cdot 10^{-4}$ mbar	Ta-Oxinitrid $p_{N_2} = 2,4 \cdot 10^{-4}$ mbar $p_{O_2} = 2,4 \cdot 10^{-4}$ mbar
ρ in $\mu\Omega$ cm	400	300
R_F in $\Omega/\square$	50 bei 80 nm Dicke	50 bei 60 nm Dicke und 300 nm Schutzoxid
TKR in ppm/K	-210 ± 10	-155 ± 5
Temperzeit und -temperatur	24 h 250°C oder 2 h 300°C	24 h 250°C oder 2 h 300°C
$\Delta R/R$ nach Voraltern und 1000 h bei 175°C	0,5 %	0,25 %
	β-Tantal $p_{N_2} = 1 \cdot 10^{-5}$ mbar; $p_{O_2} = 0$	
ε_r	25...27	20
C_F in nF/cm² bei $U_F = 200$ V und 350 nm Dicke	65	50
TKC ppm/K	$+200...220$	$+155 \pm 5$
Tempertemperatur	keine Temperung möglich	24 h 250°C oder 2 h 300°C
$\Delta C/C$ nach oben angegebener Temperung	$-0,2$ % nach 1000 h bei 125°C	$-0,25$ % nach 1000 h bei 175°C

5.3.8.2 Die Kennzeichnung von Oxinitrid-Schichten

Der Einbau von N-Atomen. Der Einbau von N in eine Ta-Schicht hängt sicherlich mit dem Partialdruck p_{N_2} zusammen. Die folgende Überlegung führt direkt zur Zahl der eingebauten N-Atome [70]. Nach (73) ist die Durchflußleistung Q_{N_2} des vor dem Sputtern durch das Einlaßventil in den Rezipienten strömenden Stickstoffes

$$Q_{N_2} = p_{N_2} S_{eff} , \qquad (94)$$

wobei S_{eff} das effektive Saugvermögen der Pumpe am Einlaß zum Rezipienten ist. Beim Sputtern werden aus dem Gas zusätzliche N-Atome "abgesaugt" und in die Schicht eingebaut. Dies kann man als zusätzliches Saugvermögen S_{Sp} des Sputterns deuten. Deshalb gilt dann

$$Q_{N_2} = p_{N_2 Sp} (S_{eff} + S_{Sp}) , \qquad (95)$$

wobei p_{N_2Sp} der N_2-Partialdruck während des Sputterns ist. Die Durchflußleistung durch das Einlaßventil ist dabei dieselbe wie vor dem Sputtern. Aus (94) und (95) folgt

$$S_{Sp}\, p_{N_2Sp} = S_{eff}(p_{N_2} - p_{N_2Sp}) = S_{eff}\, \Delta p_{N_2}\,. \tag{96a}$$

$$\Delta p_{N_2} = p_{N_2} - p_{N_2Sp} \tag{96b}$$

ist der durch das Sputtern hervorgerufene Abfall des N_2-Druckes. Die auf das Sputtern entfallende Durchflußleistung ist gemäß (73) und mit Hilfe von (96a) bei N_2-Molekülen

$$Q_{N_2Sp} = S_{Sp}\, p_{N_2Sp} = S_{eff}\, \Delta p_{N_2}$$

oder bei N-Atomen

$$Q_{NSp} = 2\, S_{eff}\, \Delta p_{N_2}\,. \tag{97}$$

Nach (66) gehört zu Q_{NSp} aus (97) ein Gasstrom

$$\frac{dZ_N}{dt} = -\frac{Q_{NSp}}{kT} = -\frac{2\, S_{eff}\, \Delta p_{N_2}}{kT}, \tag{98}$$

wobei Z_N die Zahl der N-Atome im Volumen ist; $dZ_N/dt < 0$ stellt die auf die Zeit bezogene Abnahme von Z_N dar, die vom Sputtern bewirkt wird. Damit ist dZ_N/dt die Zahl der pro Zeit in die gesputterte Schicht überall im Innern des Rezipienten einschließlich des Substrates eingebauten N-Atome. Sie ist proportional zur Druckabnahme Δp_{N_2} während des Sputterns. Bild 93[1] zeigt ein Massenspektrogramm für den N_2-Partialdruck vor und während des Sputterns.

Das mit dem Massenspektrometer zu erfassende $\Delta p_{N_2} \sim dZ_N/dt$ ist eine wertvolle Hilfe beim gezielten Einbau von N in gesputterte Schichten. Die Zahl der aufgestäubten Ta-Atome kann ebenfalls berechnet werden [70]. Dazu benötigt man die Schichtdickenverteilung nach [47], die von einem kleinen flächenhaften Target herrührt. Da Sputtertargets i.a. großflächig sind, muß zunächst der Beitrag der einzelnen Elemente der Targetfläche aufsummiert werden. Es wird angenommen, dem Target stünde ein ebenes, den ganzen Querschnitt des Rezipienten ausfüllendes Substrat gegenüber, auf dem sämtliche zerstäubten Ta-Atome abgelagert werden. Daraus errechnet sich eine Zahl dZ_{Ta}/dt von Ta-Atomen, die sich pro Zeit auf dem Substrat ab-

---

[1] Aufgenommen von R. Riekeles.

5.3 Aufstäuben von Schichten

setzen. Schließlich sei noch angenommen, daß sich alle N-Atome dZ_N/dt in (98) in der Schicht auf dem Substrat einlagern. Dann ergibt sich die N-Konzentration zu

$$x = c \, \frac{dZ_N/dt}{dZ_{Ta}/dt} \, ,$$

wobei c ein wegen der Vereinfachungen notwendiger Korrekturfaktor ist. Er muß durch eine Vergleichsmessung für eine Anlage einmal bestimmt werden. Der N-Anteil in at-% ist

$$\zeta = 100 \, \frac{x}{1+x} \, .$$

Das Verfahren erlaubt die Bestimmung des N-Einbaus, wobei die Druckabnahme Δp_{N_2} zu Beginn des Sputtern die entscheidende Größe ist. In [70] ist dZ_{Ta}/dt auch für einen ungleichförmigen Abtrag des Targets angegeben. Dies ist wichtig, weil beim HF-Sputtern ein am Außenrand des Targets liegendes Ringgebiet i.a. stärker abgetragen wird.

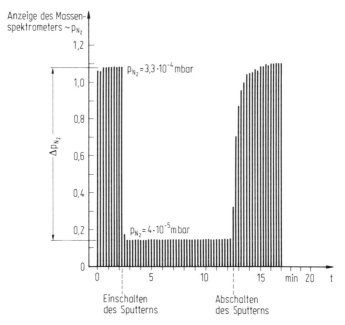

Bild 93. Massenspektrogramm über die Veränderung des N-Partialdruckes während des Sputtervorganges.

Der Seebeckquotient und der TKR. Der Einbau von zwei Gasen in die Ta-Schicht legt es nahe, die Schicht auch durch zwei Parameter zu kennzeichnen. In [70] werden hierfür der TKR und der Seebeckquotient U [72] [73] vorgeschlagen. Beide Größen sind leicht meßbar. Eine andere Auswahl zweier Parameter ist ebenfalls zulässig.

Zur Bestimmung von U schweißt man zwei Ni-Drähte und zwei NiCr-Drähte nach Bild 94 zusammen und preßt sie an den Stellen A und B auf die Ta-Schicht. Die Temperatur bei A sei T_0, die bei B sei $T_0 + \Delta T$. Zwischen den Ni-Drähten tritt dann eine Thermospannung

$$U_{Ni} = \int_{T_0}^{T_0+\Delta T} [S_{Ni}(T) - S_{Ta}(T)] dT \qquad (99)$$

auf. Dabei sind $S_{Ni}(T)$ und $S_{Ta}(T)$ die Seebeckkoeffizienten der angegebenen Materialien. U_{Ni} könnte zwar als ein Parameter zur Kennzeichnung der Ta-Schicht

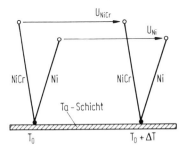

Bild 94. Anordnung zur Messung der Thermospannungen U_{NiCr} und U_{Ni}.

herangezogen werden, ist jedoch stark von ΔT abhängig. Dies kann umgangen werden, indem man gleichermaßen die Thermospannung

$$U_{NiCr} = \int_{T_0}^{T_0+\Delta T} [S_{NiCr}(T) - S_{Ta}(T)] dT \qquad (100)$$

mißt und den Seebeckquotienten

$$U = \frac{U_{NiCr}}{U_{Ni}} \qquad (101)$$

bildet. Die folgende Überlegung zeigt, daß U bei linearer Temperaturabhängigkeit der Seebeckkoeffizienten von ΔT unabhängig ist. Mit $S_{Ni} = aT$, $S_{NiCr} = bT$ und $S_{Ta} = cT$, wobei a, b und c Konstanten sind, ergeben sich aus (99)

$$U_{Ni} = (a - c)\Delta T$$

und aus (100)

$$U_{NiCr} = (b - c)\Delta T ,$$

5.3 Aufstäuben von Schichten   95

womit U nach (101) von ΔT unabhängig wird. U läßt sich damit durch die Messung
von U_{Ni} und U_{NiCr} unabhängig von ΔT sehr genau messen. Die dabei erforderliche
Linearität kann i.a. bei nicht zu großem ΔT unterstellt werden. Um Thermospannungen bei den Anschlüssen an die Cu-Leitungen der Meßgeräte zu vermeiden, werden alle diese Anschlüsse auf gleiche Temperatur gebracht.

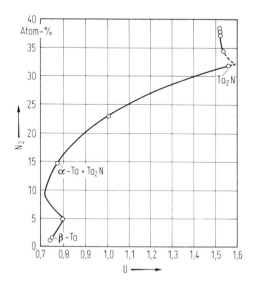

Bild 95. Seebeckquotient U einer N-dotierten Ta-Schicht in Abhängigkeit vom N-Gehalt.

In Bild 95 ist der Seebeckquotient U einer N-haltigen Ta-Schicht in Abhängigkeit
vom N-Gehalt aufgetragen. Die auftretenden Ta-Modifikationen sind ebenfalls vermerkt. U ist dem N-Anteil zwar nicht eindeutig zugeordnet, kennzeichnet jedoch
nach allen Beobachtungen zusammen mit dem TKR eine Ta-Oxinitrid-Schicht vollständig. Eine Ta-Oxinitrid-Schicht, welche temperaturkompensierte Widerstände
und Kondensatoren liefert ist nach [70] durch U = 1,25 ± 0,05 und TKR = -155 ±
5 ppm/K festgelegt. Aus dieser Schicht werden, wie später ersichtlich wird, Kondensatoren mit TKC = 155 ± 5 ppm/K erzeugt. Der Nutzen von U und TKR liegt in
der einfachen und übersichtlichen Charakterisierung der Schicht. Die Vielzahl der
Parameter, wie Substrattemperatur, Ar-Druck, Sputterleistung, Vorspannung,
Gleichstrom- oder HF-Sputtern oder die Geometrie der Anlage, sind Hilfsgrößen,
deren Wirkung sich in zwei Parametern niederschlägt. Durch die Einstellung von
U und TKR gelingt es, eine Schicht, z.B. von einer HF-Anlage, in kurzer Zeit in
eine völlig anders gebaute Gleichstrom-Anlage zu übernehmen.

5.3.8.3 Widerstände aus Ta-Al-Schichten

Anstelle von Gaszusätzen lassen sich die Eigenschaften von Ta auch durch Beimengungen von Metallen verändern. Besonders günstig ist hierbei Al, weil sein Oxid

ebenfalls ein brauchbares Dielektrikum bildet. Schauer und Mitarbeiter [74] haben festgestellt, daß sich in Abhängigkeit vom Al-Anteil im wesentlichen drei Ta-Al-Modifikationen ausbilden:

1. eine Ta-reiche Phase, in der sich zwischen 10 bis 50 at% Al lösen; sie besitzt das tetragonale Gitter des β-Ta, gelegentlich kann auch das krz-Gitter auftreten;
2. eine amorphe Phase mit ca. 15 at-% Ta und 85 at-% Al;
3. eine Al-reiche Phase mit ca. 8 bis 12 at-% Ta, sie besitzt das kfz-Gitter des Al.

Tabelle 14. Eigenschaften einiger TaAl-Schichten

Zusammensetzung at-% Ta/Al	N bzw. O Einbau	ρ in $\mu\Omega$cm	TKR in ppm/K	Langzeitstab. $\Delta R/R$ bei 5000 h und 125°C in %	TKC in ppm/K
88,1/11,9	--	240	-167[a]	0,1[b]	--
50 /50	--	250	-110	0,03	380
35 /65	--	150	- 95	0,05	370
35 /65	$N_2 + O_2$	400	-270	0,05	270
15 /85	--	190	-115	0,15	500
7 /93	--	60	+ 50	0,25	500

[a] Nach Alterung 16 h bei 270°C.
[b] Bei Leistungsbelastung von 2 bis 3 W/cm² auf Al-Keramik nach 10000 h.

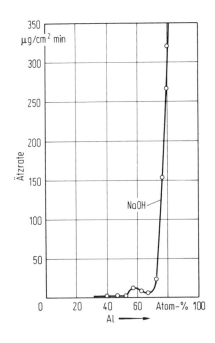

Bild 96. Ätzrate von TaAl-Schichten in Abhängigkeit vom Al-Gehalt bei NaOH als Ätzmittel (nach [80a]).

5.3 Aufstäuben von Schichten

Duckworth [75] hat die ersten TaAl-Widerstände hergestellt. Solche Widerstände wurden inzwischen in den Zusammensetzungen 88 at-% Ta, 12 at-% Al [76], 50 at-% Ta, 50 at-% Al [77, 78, 79], 35 at-% Ta, 65 at-% Al [80a, 80b], 15 at-% Ta, 85 at-% Al und 7 at-% Ta, 93 at-% Al [80a, 80b] untersucht. Die Eigenschaften zeigt Tabelle 14. Auch bei TaAl wurde N und O eingebaut [79], was ebenfalls in der Tabelle vermerkt ist. Der hohe TKC von anodisierten TaAl-Schichten ist bei der Anpassung an den TKR störend. Maß muß bei der Anpassung großer Werte auch mit großen absoluten Fehlern rechnen.

Die Ätzrate von TaAl als Funktion des Al-Gehaltes bei NaOH als Ätzmittel zeigt Bild 96. Man erkennt, daß Schichten mit hohem Al-Gehalt selektiv gegenüber solchen mit niederem Al-Gehalt geätzt werden können, was bei der Herstellung von RC-Schaltungen ausgenutzt wird [81].

5.3.9 Dielektrische Schichten aus Ta

5.3.9.1 Herstellung des Dielektrikums

Als Ausgangsmaterial dient eine leitende Schicht, die in einem Elektrolysebad von der Oberfläche her in ein Oxid umgewandelt wird. Der untere Teil der Schicht wird nicht oxidiert und wirkt als eine Elektrode. Die Oxidation liefert bei "Ventilmetallen", deren Oxide Gleichrichtereigenschaften haben, brauchbare Dielektrika mit relativen Dielektrizitätskonstanten ε_r in Tabelle 15.

Tabelle 15. Dielektrizitätskonstante einiger Metalloxide

	Al_2O_3	Ta_2O_5	Bi_2O_3	HfO_2	Nb_2O_5	TiO_2
ε_r	8	27	18	45	41	40

Von den möglichen Leitermaterialien wurde Ta ausgewählt, weil es ein relativ großes ε_r besitzt, von den in Tabelle 15 aufgeführten Edelmetallen am billigsten ist und sich darüber hinaus auch als Widerstandsschicht eignet. Das billigere reine Al liefert instabile Widerstände und Kondensatoren, da es leicht oxidiert und korrodiert.

Die Oxidation einer Ta-Schicht zur Herstellung eines Dielektrikums geschieht im Elektrolysebad in Bild 97, wobei der Elektrolyt i.a. aus 0,01% wässriger Zitronensäure oder aus 0,1% wässriger Phosphorsäure besteht [2]. Das mit Ta bedeckte Substrat wird als Anode verwendet, was dem Vorgang den Namen anodische Oxidation oder Anodisation eingetragen hat. Im Elektrolyten findet beim Stromdurchgang die Aufspaltung

$$10\, H_2O \rightarrow 10(OH)^- + 10\, H^+$$

statt. Die OH^--Ionen werden zur Anode transportiert und verursachen dort die Reaktion

$$2\,Ta + 10(OH)^- = Ta_2O_5 + 5\,H_2O + 10\,e^- \ .$$

Das Dielektrikum aus Ta_2O_5 ist amorph.

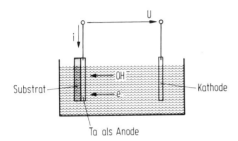

Bild 97. Elektrolyse zur Herstellung von Ta-Kondensatoren.

Die Ausgangsmaterialien dürfen sich im Elektrolyten mit einem gegebenem pH-Wert nicht auflösen. Dies ist bei Ta stets, bei Al nur in einem engen pH-Bereich der Fall, wie aus den Bildern 98ab ersichtlich ist. Darüber hinaus darf sich auch das Oxid im Elektrolyten bei einer gegebenen Spannung U während der Anodisation nicht auflösen. Gebiete von U, in denen das Ausgangsmaterial oder das Oxid unlöslich sind, zeigen ebenfalls die Bilder 98 a und b.

Das Ta-Pentoxid bildet sich zunächst an der Oberfläche der Ta-Schicht. Das Oxid wächst durch Diffusion von O^--Ionen von der Oberfläche her in die Tiefe der Ta-Schicht hinein. Die Zunahme der Schichtdicke λ ist $d\lambda/dt$. Sie ist proportional zur Stromdichte j, die sich aus dem Transport von OH^- zur Anode ergibt. Es gilt also

$$\frac{d\lambda}{dt} = \text{const} \cdot j \ .$$

Mit konstantem j kann man demnach ein konstantes Wachstum $d\lambda/dt$ erzielen. Die für konstantes j benötigte Spannung U erhält man gemäß Bild 99 mit den elektrischen Feldstärken E_{El} im Elektrolyten und E_D im Dielektrikum aus

$$E_D \lambda + E_{El}\, l = U \ ,$$

5.3 Aufstäuben von Schichten

d.h.

$$E_{El} = \frac{U - E_D \lambda}{l} \ . \tag{102}$$

Für j = const muß E_{EL} = const sein, womit aus (102)

$$U - E_D \lambda = K_0' \tag{103}$$

folgt, was bei

$$\frac{d\lambda}{dt} = K_1'$$

und damit für

$$\lambda = K_1' t + K_2' \tag{104}$$

in

$$U = K_0 + K_1 t \tag{105}$$

mit neuen Konstanten K_0 und K_1 übergeht. Man anodisiert gemäß (105) mit linear ansteigender Spannung, wozu j = const gehört, bis der vorgeschriebene C-Wert, d.h. die vorgeschriebene Dicke des Dielektrikums erreicht ist. Dies tritt bei der sogenannten Formierspannung U_F ein.

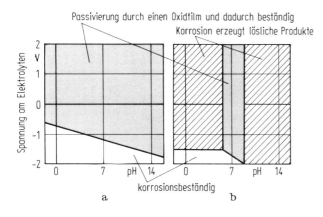

Bild 98a,b. Beständigkeit. a) von Ta und b) von Al bei verschiedenen pH-Werten und Spannungen am Elektrolyten (nach Pourbaix und Govaerts).

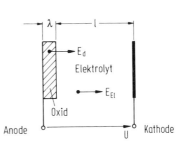

Bild 99. Feldstärken im Elektrolyten und im Dielektrikum bei der Anodisation.

Der Vorgang heißt Formierung des Kondensators und ist in Bild 100 dargestellt. Die Schichtdicke ist nach (104) und (105) proportional zur Formierspannung. Bei kleiner Formierspannung ergibt sich wegen der geringeren Dicke des Dielektrikums eine höhere Flächenkapazität. Die untere Grenze für die Dicke wird von der geforderten Durchbruchspannung festgelegt. An die Formierung schließt sich, wie Bild 100 zeigt, eine Nachformierung bei konstanter Spannung U_F an, bei der Unregelmäßigkeiten im Dielektrikum noch oxidiert werden. Erst bei der Nachformierung erhält das Dielektrikum seine volle Spannungsfestigkeit. Der Strom, d.h. Transport von OH^-, nimmt beim Nachformieren ab, wobei sich schließlich eine dichte isolierende Ta_2O_5-Schicht bildet. Übliche Formierspannungen U_F in Bild 100 sind 100 bis 250 V. Die zugehörige konstante Formierstromdichte liegt je nach Schichtart bei 0,1 bis 1,0 mA/cm^2. Die Qualität des Dielektrikums ist i.a. bei niederem Formierstrom besser.

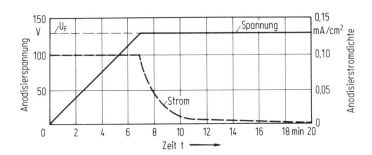

Bild 100. Formierung und Nachformierung eines Dielektrikums. Bei β - Ta ist die Stromdichte um den Faktor 10 höher.

Die Strom-Spannungs-Kennlinie eines Kondensators zeigt Bild 19. Die positiven Spannungen sind so gepfeilt, daß die Grundelektrode, wie beim Anodisieren, das höhere Potential hat. Die Spannung U_{D+}, bei welcher der Strom auf $3 i_L$ angestiegen ist, heißt Durchbruchspannung. Bei guten Kondensatoren ist $U_{D+} > (1/3) U_F$. Aus nicht ganz geklärten Gründen sind einige Dünnschichtkondensatoren, wie Bild 19 zeigt, polar, d.h. die Durchbruchfestigkeit für eine Gleichspannung in Richtung der Formierspannung ist ca. 10 bis 20 % größer als entgegen dieser Richtung. Nach der anodischen Oxidation wird die Oberfläche vom Elektrolyten gereinigt, worauf eine NiCr-Haftschicht und dann eine Au-Deckelektrode aufgedampft werden.

5.3.9.2 Kondensatoren aus Ta-Schichten

Brauchbare Kondensatoren lassen sich aus N- und O-dotierten Ta-Schichten und aus TaAl-Legierungen herstellen [82 bis 88].

Kondensatoren aus N-dotierten Ta-Schichten. Mit Stickstoff dotierte Ta-Schichten wurden in 0,01 % wässriger Zitronensäure bei einer Formierspannung von 200 V anodisiert. Die Durchbruchspannung U_{D+} und die Flächenkapazität C_N sind in den Bil-

5.3 Aufstäuben von Schichten

dern 101 und 102 in Abhängigkeit vom Partialdruck p_{N_2} während des Sputterns dargestellt [88].

Zwei Kondensatortypen haben sich bewährt. Für den ersten Typ[1] wurde β-Ta als Ausgangsmaterial eingeführt, das, wie Bild 101 zeigt, bei $p_{N_2} \approx 10^{-6}$ mbar entsteht. Wegen der Getterung des Stickstoffs an den Innenflächen des Rezipienten muß der geringe N-Druck durch Zufuhr von außen aufrechterhalten werden. Im übrigen ist erhöhte Reinheit und insbesondere das Vermeiden organischer Verunreinigungen im Rezipienten unerläßlich. Die Grundelektrode aus β-Ta hat einen Widerstand von $\rho = 180\,\mu\Omega$cm und ist die hauptsächliche Ursache für den aus Bild 103 ersichtlichen mit wachsenem ω ansteigenden Verlustfaktor tan δ.

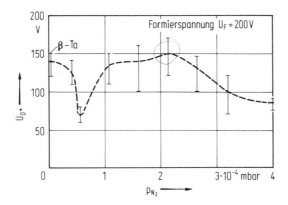

Bild 101. Durchbruchspannung von Ta-Kondensatoren gemessen beim 3-fachen Ladestrom, in Abhängigkeit von P_{N_2}.

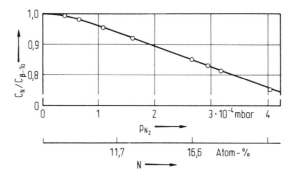

Bild 102. Flächenkapazität $C_N(p_{N_2})$.

Der vom Serienwiderstand herrührende Anteil des tan δ läßt sich, wie Bild 103 zeigt, durch eine niederohmige Al-Grundelektrode [89] unter dem nicht anodisier-

---

[1] Fabrikat Bell Telephone Laboratories.

ten β-Ta vermindern. Er ist dann erst bei 100 kHz mit ca. 1 % so groß wie bei β-Ta-Kondensatoren, ohne Al-Schicht schon bei ca. 10 kHz. Bei ε_r = 25...27 und einer üblichen Oxiddicke von 350 nm ergibt sich eine Flächenkapazität von C_F = 65 nF/cm^2, wozu eine Formierspannung von U_F = 200 V gehört. Um den Flächenbedarf zu reduzieren, kann man die Oxiddicke bei Verwendung von U_F = 130 V auf ca. 230 nm absenken, was zu C_F = 100 nF/cm^2 führt. Allerdings nimmt dabei auch die Durchbruchspannung linear mit der Dicke ab. Unterhalb einer Dicke von ca. 200 nm wird der Einfluß von Fehlstellen, Rissen und Einschlüssen im Dielektrikum so stark, daß keine ausreichende Spannungsfestigkeit mehr erzielt wird.

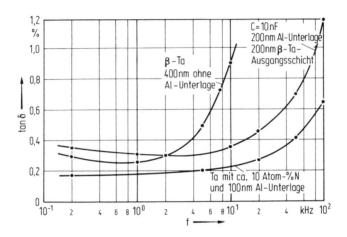

Bild 103. Einfluß einer Al-Grundelektrode auf den tan δ verschiedener Ta-Kondensatoren.

Diese Schwierigkeit läßt sich durch einen selbstheilenden Kondensator umgehen. Dabei wird unter die obere Deckelektrode eine Schicht eingefügt, die bei einem Durchbruch und der damit verbundenen Erwärmung Sauerstoff abgibt. Der Sauerstoff kann einen Durchbruch oxidieren und damit wieder in einen Isolator verwandeln. Nach [90 bis 92] eignet sich MnO_2 und nach [93] PbO_2 in einer Dicke von ca. 300 nm als selbstheilende Schicht. Bei einer Formierspannung von U_F = 70 V und einer Ta-Oxid-Dicke von 130 nm werden Flächenkapazitäten von 200 nF/cm^2 und Durchbruchspannungen von 70 V in positiver Richtung erzielt. Damit lassen sich Schaltungen mit stark vermindertem Flächenbedarf bauen [94]. Als Nachteil müssen eine Verschlechterung des tan δ auf ca. 1 % bei 1 kHz und eine Vergrößerung des TKC auf ca. 400 ppm/K erwähnt werden. Für Blockkondensatoren kann man mit U_F = 50 V eine Flächenkapazität von 25 μF/cm^2 erzielen, muß aber tan δ = 15 % (1 kHz) und TKC = 10^3 ppm/K hinnehmen.

Die MnO_2- oder PbO_2-Schicht wird durch reaktives Aufstäuben oder Aufdampfen oder mit Hilfe von chemischen Reaktionen aufgebracht. Kondensatoren aus β-Ta hal-

5.3 Aufstäuben von Schichten

ten eine Wärmebehandlung bei mehr als 175°C nicht aus. Widerstände müssen daher ohne die Kondensatoren getempert werden.

Der zweite Typ von N-dotierten Ta-Kondensatoren entsteht im Bereich $p_{N_2} \approx (1,3 \ldots 2,6) \cdot 10^{-4}$ mbar. Die Flächenkapazität ist zwar etwas kleiner als bei β-Ta-Kondensatoren, dafür sind jedoch die Durchbruchspannung U_{D+} nach Bild 101 grösser und der tan δ etwas kleiner [88]. Ein besonderer Vorteil ist die Temperaturbeständigkeit bis zu 300°C, was die Temperung der Widerstände in Anwesenheit der Kondensatoren erlaubt. Dadurch wird der Fertigungsprozeß, wie in den Abschnitten 5.6.2 und 5.6.3 dargestellt wird, vereinfacht.

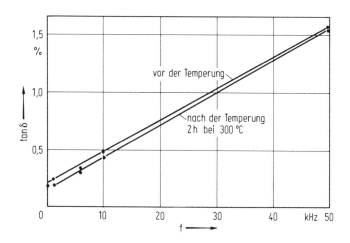

Bild 104. Verlustfaktor tan δ bei Kondensatoren nach dem Einschichtverfahren in Abschnitt 5.6.3 mit Elektrodenform nach Bild 20b.

Wie bereits in Abschnitt 5.3.8.1 erwähnt, kann man aus dieser Schicht durch Zugabe von Sauerstoff temperaturkompensierte Widerstände und Kondensatoren bauen [70]. Der dann mögliche besonders wirtschaftliche Fertigungsprozeß ist in Abschnitt 5.6.3 geschildert. Nimmt man zu $p_{N_2} = 2,4 \cdot 10^{-4}$ mbar einen Sauerstoffpartialdruck $p_{O_2} = 2,4 \cdot 10^{-4}$ mbar, so erhält man durch Oxidation ein Dielektrikum mit einem TKC = +155 ppm/K, welcher an den TKR = -155 ppm/K derselben Schicht angepaßt ist. Der tan δ dieses Kondensators ist in Bild 104 als Funktion der Frequenz aufgetragen. Die Bilder 105ab zeigen die Strom-Spannungskennlinien der Kondensatoren aus β-Ta und aus Ta mit $p_{N_2} = 2,0 \cdot 10^{-4}$ mbar. Eine leichte Polarität ist bei allen Kennlinien festzustellen.

Kondensatoren aus TaAl. Verwendet man zur Anodisation die übliche 0,01 %ige Zitronensäure oder 0,1 %ige Phosphorsäure, dann werden gelegentlich an der Eintauchgrenze in den Elektrolyten Löcher im Dielektrikum beobachtet. Dies läßt sich durch Verwendung von 1 % in H_2O gelöstem Ammoniumpentaborat oder von einer Lösung mit 0,1 % NaOH in H_2O vermeiden [79]. Die Stromdichte beim Anodisieren ist ca. $0,2\,mA/cm^2$. Einige Eigenschaften von TaAl-Kondensatoren, auch von solchen mit N- und O-Dotierung sind in Tabelle 16 zusammengestellt [74, 79, 80a].

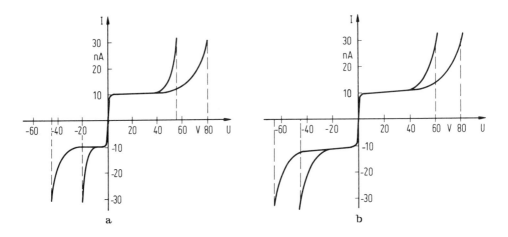

Bild 105a,b. I-U-Kennlinien von Kondensatoren. a) aus β - Ta (bei U_F = 100 V mit C = 10 nF anodisiert); b) aus N-dotiertem Ta (mit ca. 15 at - % N, $P_{N_2} = 2 \cdot 10^{-4}$ mbar, bei U_F = 100 V mit 10 nF anodisiert).

Tabelle 16. Eigenschaften von TaAl-Kondensatoren

Zusammensetzung at-% Ta/Al	Formierspannung U_F in V	Flächenkapazität C_F in nF/cm²	TKC in ppm/K	tan δ in % bei 1 kHz
7/93	200	31	500	0,5
15/85	200	35	500	0,5
50/50	200	42	380	-
35/65:				
ohne N_2, O_2	200	45	370	0,2...0,5
mit N_2, O_2	200	30	270	0,2...0,5

Störend ist der bei hohem Al-Gehalt auch hohe TKC, an den ein entsprechend hoher TKR angepaßt werden muß, was i.a. nur mit größerem Fehler bewerkstelligt werden kann. Der TKC wird durch ein Zweischichtdielektrikum aus anodisiertem TaAl und einer darüber gesputterten SiO_2-Schicht erniedrigt [81]. Bei Verwendung von anodisierten Schichten mit 7 at-% Ta und 93 at-% Al und darüberliegendem SiO_2 läßt

5.3 Aufstäuben von Schichten

sich ein TKC von +115 ppm/K erzielen, was dem TKR = -115 ppm/K von Schichten mit 60 at-% Ta und 40 at-% Al angepaßt ist. Der $\tan\delta$ des Zweischichtkondensators ist bei 1 kHz 0,03 %; die Verbesserung rührt von der SiO_2-Schicht her. Die Flächenkapazität nimmt allerdings auf 10 nF/cm^2 ab. Den Kondensatoren wird eine hohe Ausbeute von nahezu 100 % zugeschrieben.

5.3.10 Methoden zur Analyse von Schichten

Einige der wichtigsten Methoden zur Analyse von Schichten sollen wenigstens kurz erwähnt werden.

Naßchemische Verfahren liefern die Zusammensetzung einer Legierung.

Bei der Rutherford-Streuung [95 bis 97] wird eine Schicht mit z.B. α-Teilchen beschossen. Die Zahl der rückgestreuten α-Teilchens wird als Funktion der Energie dieser Teilchen aus Messungen bestimmt. Daraus gewinnt man Aufschluß über die Zusammensetzung und die Dicke der zu untersuchenden Schicht. Der Nachweis von Teilchen mit kleinem Atomgewicht, wie z.B. N oder O, in einer Schicht mit großem Atomgewicht, wie z.B. Ta, ist nicht möglich. In diesem Fall muß man mit induzierter Kernreaktion arbeiten [98]. Bei der Röntgenfluoreszenz regen Elektronen eine Röntgenstrahlung an, deren Wellenlänge und Intensität Aufschluß über die Art und Zahl der Atome in der Schicht geben [99].

Bei der Sekundär-Ionen-Massenspektrographie (SIMS) wird das Schichtmaterial zerstäubt, dann, falls nötig, ionisiert und mit dem Massenspektrometer gemessen [100]. Die Gaschromatographie [101] nützt das unterschiedliche Wärmeleitvermögen verdampfter Schichten aus.

Die Gitterstruktur einer Schicht läßt sich mit der Röntgenbeugung bestimmen [102, 103].

5.3.11 Herstellung von Strukturen

Aufdampfen und Sputtern liefern i.a. ganzflächig beschichtete Substrate. Die Strukturen der Widerstände, Leiterbahnen, Elektroden und der Bereiche, die zu einem Dielektrikum oxidiert werden sollen, werden mit Photolithographie und Ätztechnik hergestellt.

5.3.11.1 Photolithographie [45]

Ein beschichtetes Substrat wird mit einer homogenen Schicht von Photolack mit einer Dicke von 0,3 bis 2 µm bedeckt. Dicken von 1 bis 2 µm gewähren den besten

Schutz an Photolackkanten und die größere Sicherheit gegen Löcher (pin holes). Zur Erziehung einer gleichmäßigen Dicke wird flüssiger Photolack auf das Substrat gebracht und mit einer Photolackschleuder der Drehzahl 2000 bis 3000 U/min gleichmäßig auf der Oberfläche verteilt. Die Dicke der Photolackschicht ist von der Drehzahl und der Viskosität des Lacks abhängig. Die Beschichtung mit Photolack kann auch durch Aufsprühen aus Düsen oder durch Aufwalzen erfolgen. Positiv-Lacke[1] bestehen aus organischen Estern. Sie sind empfindlich für UV-Licht. Die belichtete Stelle wird mit alkalischen Lösungen entfernt. Die unbelichteten Flächen bleiben stehen. Sie können, falls nötig, später belichtet werden, wodurch sich Positiv-Lacke mehrfach verwenden lassen.

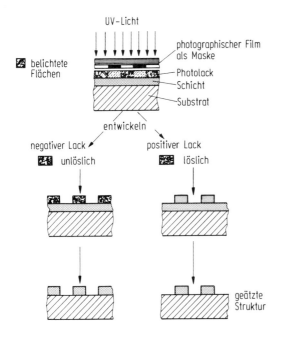
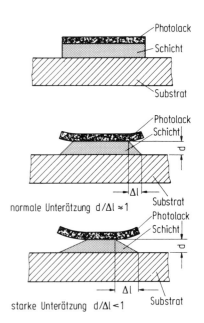

Bild 106. Erzeugung von Strukturen in Photolack und in der Schicht auf dem Substrat.

Bild 107. Unterätzung beim Ätzen von Schichten.

Negativ-Lacke[2] bestehen aus organischen Lösungen von Polyvinylcinnamat oder Polyisopren und sind ebenfalls UV-empfindlich. Die belichtete Stelle wird unlöslich. Damit können Negativ-Lacke nur einmal verwendet werden.

Nach dem Aufschleudern wird AZ 1350 ca. 5 bis 10 min bei 60°C und KTFR ca. 10 min bei 120°C getrocknet.

---

[1] Z.B. Fabrikat Shipley AZ 1350 und AZ 111.
[2] Z.B. Fabrikat Kodak, KTFR.

5.3 Aufstäuben von Schichten

Zur Belichtung mit UV-Licht legt man auf die Photolackschicht nach Bild 106 einen Film, der die Struktur enthält, in einem nur wenige Mikrometer betragenden Abstand auf. Eine Quecksilberdampflampe liefert das UV-Licht mit einer Wellenlänge von 250 bis 400 nm. Bei Positiv-Lack ist der Film dort nicht durchlässig für UV-Licht, wo später die Schicht auf dem Substrat stehen bleiben soll [104].

Die Filmherstellung erfolgt wie bei der Dickschichttechnik durch Verkleinerung des Bildes einer Maske mit Hilfe einer Reduktionskamera.

Nach dem Entwickeln und Spülen des belichteten Filmes folgt das Aushärten des stehengebliebenen Lackes 10 bis 20 min lang bei 150°C. Höhere Temperaturen ergeben einen stabileren Lack, der jedoch später schwerer zu entfernen ist. Bei allen Arbeitsgängen mit Photolack muß staubfrei, am besten in einer laminaren "Flow-Box", gearbeitet werden, da Staubkörner Löcher in der Lackschicht verursachen. Die Raumfeuchtigkeit sollte 30 bis 50 % nicht übersteigen. da bei größerer Feuchtigkeit wegen der Hygroskopie der Lacke das Aushärten beeinträchtigt wird. Die Oberfläche der Schicht muß vor Aufbringen des Lackes sorgfältig gereinigt werden. Die spätere vollständige Entfernung des Positiv-Lackes geschieht z.B. mit Azeton, das bei 22°C 2 min lang wirken sollte. Besondere Sorgfalt ist auf die Entfernung aller Photolackreste zu legen, was insbesondere bei der C-Herstellung die Ausbeute erhöht.

5.3.11.2 Ätzen

Nicht von Photolack bedeckte Flächen werden mit Hilfe eines flüssigen Ätzmittels von der Schicht freigeätzt. Ätzmittel sind i.a. stark mit Wasser verdünnt, damit der Photolack selbst nicht angegriffen wird. Außerdem wird dadurch die Ätzzeit vergrößert. Dies spielt eine Rolle, wenn man den Einfluß der unterschiedlichen Ätztiefen herabsetzen will, die wegen der unterschiedlichen Ätzzeiten z.B. beim Eintauchen und beim Herausziehen aus dem Ätzbad entstehen. Ein Ätzmittel erzeugt, wie in Bild 107 dargestellt ist, stets trapezförmige Unterätzungen. Das Trapez ist i.a. nach oben geöffnet, da das Ätzmittel oben länger einwirkt. In Tabelle 17 sind Ätzmittel für die wichtigsten Schichtmaterialien zusammengestellt [11, 104].

Neben dem soeben behandelten naßchemischen Ätzen setzt sich das Plasmaätzen [105], ein trockenes Verfahren, immer stärker durch. In ein evakuiertes Gefäß wird ein Gas, meist ein Fluor enthaltendes Freon, bis zu einem Druck von 0,1 bis 27 mbar eingefüllt und in einem HF-Feld ionisiert. Das Plasma besteht bis zu 90 % aus chemisch sehr aktiven Radikalen, ca. 1 % sonstigen ionisierten Anteilen und freien Elektronen. Die Plasmatemperatur ist verhältnismäßig niedrig; sie

Tabelle 17. Ätzmittel für Materialien der Dünnschichttechnik

Stoff	Ätzmittel	Bemerkungen
Al	20 % NaOH bei 60 bis 90 °C	schlechte Kanten
	1 Teil HCl auf 4 Teile H_2O	scharfe Kanten
	20 % HCl bei 80 °C	
	800 ml H_3PO_4, 50 ml HNO_3, 150 ml H_2O bei 40 °C	scharfe Kanten, Ätzrate ca. 200 nm/min
Cr	500 ml Glycerin, 500 ml HCl	Ätzrate 80 nm/min
	9 Teile Cersulfat, 1 Teil HNO_3	Ätzrate 80 nm/min
	Ammoniumcersulfat wie bei NiCr	
	Lösung A: 1000 ml H_2O + 500 g NaOH	
	Lösung B: 3000 ml H_2O + 1000 g $K_3[Fe(CN)_6]$ (rotes Blutlaugensalz)	
	1 Teil A + 3 Teile B bei Raumtemperatur	
Cu	300 g $FeCl_3$/l Wasser oder $(NH_4)_2S_2O_8$ + $HgCl_2$	
Au	1 Teil konzentr. HCl + 3 Teile konzentr. HNO_3 (Königswasser)	greift Photolack an
	400 g KI, 100 g I_2 und 400 ml H_2O	bessere Kantenschärfe, wenn noch verdünnt in H_2O: 4:1
	Alkalicyanid mit Hydrogen-Peroxid	
NiCr	1 Teil konzentr. HNO_3 1 Teil konzentr. HCl 3 Teile H_2O	
	50 g Ammoniumcersulfat 30 ml H_2SO_4 900 ml H_2O bei 50 °C	Ätzrate 5 nm/min
Ni	Eisen-(III)-Chlorid-Lösung	36 ... 42° Baumé[a]
	1 Teil konzentr. HNO_3 1 Teil HCl 2 Teile H_2O	

5.3 Aufstäuben von Schichten

Tabelle 17. (Fortsetzung)

Stoff	Ätzmittel	Bemerkungen
Si	5 Teile HNO_3, 3 Teile Essigsäure, 3 Teile HF (Flußsäure)	sehr feine Linien, HF ist hochgiftig
SiO	12 mol NH_4F mit NH_4OH bei 80 - 90°C	pH = 9, Ätzrate 500 nm/min
SiO_2	Lösungen mit NH_4FHF (Ammoniumbifluorid)	
Ag	55 g $Fe(NO_3)_3$ in 45 g Äthylenglykol + 25 ml H_2O	Ätzrate 300 nm/min
Ta, Ta-Nitrid, Ta-Oxinitrid	2 Teile konzentr. HNO_3, 1 Teil 48 % HF, 1 Teil H_2O	greift Glas an, HF ist hochgiftig
	10 Teile 30 % NaOH oder KOH erhitzt auf 90°C + 1 Teil 30 % Hydrogenperoxid	Ätzt auch Ta-Nitrid und Ta-Oxid mit 100 bis 200 nm/min, greift aber Photolack an; deshalb können nur Metallmasken z.B. aus Au- oder NiCr-Schichten verwendet werden
Fe	$FeCl_3$	36...42° Baumé[a]
	$FeCl_3$ mit HNO_3 Zusatz	
	300 ml konzentr. HNO_3, 700 ml H_2O	
	300 ml konzentr. HNO_3, 35 g $AgNO_3$ (Silbernitrat), 700 ml H_2O	
Mo	1 Teil konzentr. H_2SO_4, 1 Teil konzentr. HNO_3, 3 Teile H_2O	Mo ist Material für Masken z.B. in Dickschichttechnik
	200 g/l $K_3[Fe(CN)_6]$ (Kaliumhexacyanoferrat (III)), 20 - 25 g NaOH/l Wasser, 3 - 3,5 g $Na_2C_2O_4$/l Wasser (Natriumoxalat)	rotes Blutlaugensalz
Ti	1 Teil 48 % HF, 9 Teile H_2O	bei 30...32°C, Ätzrate 12,5 µm/min

Tabelle 17. (Fortsetzung)

Stoff	Ätzmittel	Bemerkungen
Ti	10 % HF 20 % HNO_3 70 % H_2O	bei 30...32°C Ätzrate 19 µm/min
MnO_2 und PbO_2	HNO_3 und H_2O im Verhältnis 2:1	beide Oxide sind in Säuren schwach löslich

[a] Zur Dichte-Maßeinheit Baumé: Dichte [kg/l] = 144,3/(144,3 ± B[°Baumé]), + für leichte (< 1 kg/l), − für schwere (≥ 1 kg/l) Flüssigkeiten.

liegt zwischen 50 und 250°C und bedeutet damit keine zu große Wärmebelastung für Schichten und Schaltungen. Die Ätzwirkung beruht auf den Radikalen, welche die Oberfläche einer Schicht chemisch zersetzen und in einem Gasstrom von 100 bis 1000 ml/min wegtransportieren.

Das Plasmaätzen ist also ebenfalls ein chemisches Verfahren. Die nicht zu ätzenden Flächen werden mit Photolack abgedeckt. Bei möglichst senkrechter und relativ schneller Anströmung der Substratoberfläche kann eine Unterätzung fast völlig vermieden werden. Wird die Oberfläche der Schicht nicht überall auf gleicher Temperatur gehalten, dann stellt sich eine ungleiche Ätzrate ein. Dies wurde insbesondere dann beobachtet, wenn sich an den Rändern der Kammer durch UV-Licht eine Temperaturerhöhung ergibt. Dies wird weitgehend vermieden, wenn das Ätzgut in einem perforierten Metallzylinder von den Zonen der Glimmentladung ferngehalten wird.

Si und dessen Verbindungen werden in der Halbleitertechnik mit "Freon 14" (CF_4) geätzt. Bei Au, PT, Mo, W, Ta, Metalloxiden und Glas setzt man "Freon 13" ($CCLF_3$) ein. Dieses greift Photolack an, weshalb man mit Cr-Masken arbeiten sollte. Die Ätzrate wird i.a. durch die Anwesenheit von Sauerstoff erhöht.

5.4 Chemische Abscheidung von Schichten

Das Aufdampfen oder Aufstäuben von Schichten hat den Nachteil, daß nicht nur das Substrat, sondern der ganze Innenraum des Rezipienten beschichtet wird. Bei teuren Materialien, wie z.B. Au sollten deswegen sparsamere Abscheideverfahren eingesetzt werden. Dazu gehören die elektrolytische [106 bis 108] und die stromlose Abscheidung [109], die in der Schichttechnik zur Herstellung von Leiterbahnen und seltener auch von Widerständen eingesetzt werden.

5.4 Chemische Abscheidung von Schichten

5.4.1 Elektrolytische Abscheidung

Durch Aufdampfen einer dünnen Au-Schicht und nachfolgendes Ätzen wird die Struktur der Leiterbahnen erzeugt. Sie dient als Kathode für das elektrolytische oder, was dasselbe ist, galvanische Verstärken der Au-Schicht. Der Vorgang des Vergoldens im Elektrolysebad in Bild 108 geht von Kaliumgoldcyanid $KAu(CN)_2$ aus, das in Wasser dissoziiert zu

$$K\,Au(CN)_2 \rightarrow Au(CN)_2^- + K^+ \,.$$

Legt man am Bad in Bild 108 die Gleichspannung U an, dann findet im elektrostatischen Feld die weitere Dissoziation

$$Au(CN)_2^- \rightarrow Au^+ + 2(CN)^-$$

statt. Au^+ wird zur Kathode transportiert und schlägt sich dort auf die bereits vorhandenen Leiterbahnen nieder. Damit lassen sich typische Schichtdicken von ca. 5 µm erzielen. Leitende Flächen, die nicht vergoldet werden sollen, müssen mit Photolack abgedeckt werden. Der kleinste Abstand zwischen den Leiterbahnen sollte mehr als 20 µm betragen. Als Anode kann Au oder Stahl verwendet werden, wobei letzteres wegen der größeren Standzeit vorgezogen wird. Die Temperatur des Elektrolysebads soll zwischen 49 und 71°C liegen.

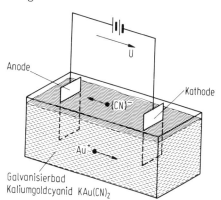

Bild 108. Galvanische Verstärkung von Au-Leiterbahnen.

5.4.2 Stromloses Abscheiden

In Wasser gelöste Metallsalze können sich in Anwesenheit eines Katalysators auf einer Oberfläche niederschlagen. Zur Herstellung von Ni-P-Widerständen geht man von der folgenden Lösung aus [109]:

21 g $NiSO_4$ in 6 H_2O (Ni-Sulfat-Hexahydrat),

26,5 g NaH_2PO_2 (Natriumhypophosphit),

33,8 g 80 % $CH_3CHOHCOOH$,

0,002 g $Pb(NO_3)_2$,

NaOH mit pH-Wert 4,6 und mit 99°C .

Als Katalysator kann Palladium verwendet werden, das auf die Substratoberfläche aufgebracht wurde. In der Lösung entsteht durch Dissoziation

$$Ni^{++} \text{ und } H_2PO_2^- .$$

Auf der Oberfläche des Katalysators zerfällt

$$H_2PO_2^- \rightarrow PO_2^- + 2H ,$$

welches den Niederschlag von Ni nach der Reaktion

$$Ni^{++} + 2H \rightarrow Ni + 2H^+$$

bewirkt. Das Abscheiden von P erfolgt nach dem Mechanismus

$$H_2PO_2^- + H \rightarrow P + H_2O + OH^- .$$

Die Ni-P-Schicht bildet Widerstände mit $R_F < 100\,\Omega/\square$ und einem TKR $\in [\pm 20\,\text{ppm/K}]$. Diese Widerstände werden bei Mikrowellenschaltungen eingesetzt [109]. Eine Maskenherstellung ist mit den Ni-P-Niederschlägen ebenfalls möglich.

Ein weiteres chemisches Verfahren ist die chemische Abscheidung aus der Gasphase, englisch CVD[1] genannt. Dabei schlägt sich Material durch Diffusion und nicht durch äußeres Aufbringen von kinetischer Energie, wie beim Verdampfen, auf einem Substrat nieder [110].

Ein Verfahren, das mit der Unterstützung durch ein elektrisches Feld arbeitet, ist die Glimmpolymerisation. Hierbei werden Moleküle in der Entladungsstrecke durch Aufbrechen von Bindungen oder durch Abtrennen gasförmiger Anteile radikalisiert und ionisiert. An den Elektroden rekombinieren die Radikale und bilden zusammenhängende Schichten von Makromolekülen [111, 112]. Ein mechanisches Verfahren ist das Aufsprühen von Lösungen aus einer Düse.

5.5 Alterung von Bauteilen

Die Werte von Widerständen und Kondensatoren ändern sich nach ihrer Herstellung, weil sich Auskristallisationen, Änderungen der Korngrenzen und Diffusionsvorgänge abspielen. Die ersten beiden Vorgänge laufen nach Abschluß des Fertigungsprozes-

---

[1] CVD: Chemical Vapor Deposition.

5.5 Alterung von Bauteilen

ses i.a. rasch ab, während Diffusionsvorgänge im wesentlichen das Langzeitverhalten der Bauteile bestimmen. Bei einem Ta-Widerstand bildet sich nach Bild 109 durch Oxidation von der Oberfläche her eine nichtleitende Oxidschicht. Durch Diffusion von Sauerstoff in den Widerstand hinein, nimmt die Dicke δ der Oxidschicht beständig zu, d.h. der leitende Teil des Widerstands wird dünner und damit hochohmiger. Es gilt also $\Delta R/R > 0$ für wachsendes t.

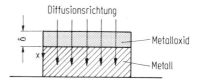

Bild 109. Diffusion von O und Zunahme der Oxiddicke δ.

Bei Kondensatoren bewirkt die Diffusion von Sauerstoff durch das Metalloxid als Dielektrikum nach Bild 109 eine weitere Oxidation der Ta-Grundelektrode. Die dadurch zunehmende Dicke des Dielektrikums hat eine abnehmende Kapazität zur Folge, d.h. es gilt $\Delta C/C < 0$ für wachsendes t.

Für den beschriebenen Diffusionsvorgang gilt das 1. Ficksche Gesetz [27]

$$\frac{dM}{dt} = -D \frac{d\gamma}{dx} dA . \qquad (106)$$

Dabei ist dM die Änderung der Masse des reinen Ta, $d\gamma/dx$ der Dichtegradient des diffundierenden O längs der Entfernung x in Bild 109, dA das Flächenelement, durch welches O diffundiert, und D die i.a. von der Temperatur abhängige Diffusionskonstante, die die Rolle einer Proportionalitätskonstanten spielt. Nach einer Anlaufzeit wird der Dichtegradient eine von der Oxiddicke δ abhängige Konstante

$$\frac{d\gamma}{dx} = \frac{C_s}{\delta} , \qquad (107)$$

wobei C_s die Sättigungskonzentration ist. In diesem Zustand wird gerade der ganze aus der Luft eindiffundierende Sauerstoff zur Oxidation verwendet. Mit (107) ergibt sich aus (106)

$$\frac{dM}{dt} = -D \frac{C_s}{\delta} dA = \frac{K}{\delta} , \qquad (108)$$

wobei die Konstante

$$K = -DC_s dA < 0 \qquad (109)$$

ist. Offenbar gilt darüber hinaus

$$\frac{dM}{dt} \sim -\frac{d\delta}{dt}, \tag{110}$$

d.h. die Abnahme der Ta-Atome ist proportional zur Zunahme der Oxiddicke δ, d.h. es gilt

$$\frac{dM}{dt} = K'\frac{d\delta}{dt} \quad \text{mit} \quad K' < 0. \tag{111}$$

Aus (108) und (111) folgen

$$\frac{K}{\delta} = K'\frac{d\delta}{dt}$$

und

$$K\,dt = K'\,\delta\,d\delta$$

oder

$$K_0 \int_0^t dt = \int_{\delta=0}^{\delta} \delta\,d\delta \quad \text{mit} \quad K_0 = \frac{K}{K'} > 0. \tag{112}$$

Die obere Grenze δ ist die durch Diffusion von O erzeugte Oxiddicke nach der Zeit t.

Aus (112) ergibt sich schließlich

$$K_0 t = \frac{1}{2}\delta^2$$

oder

$$\delta = B\sqrt{t} \quad \text{mit} \quad B = \sqrt{2K_0} = \sqrt{\frac{-2DC_s dA}{K'}}, \tag{113}$$

worin

$$K' < 0 \text{ ist.}$$

Auf Grund von Experimenten kann man für D den Ansatz

$$D = D_0 \exp(-E_{AD}/kT) \tag{114a}$$

machen, worin E_{AD} die vom Material abhängige Aktivierungsenergie der Diffusion, k die Boltzmannsche Konstante, T die absolute Temperatur und D_0 eine Konstante ist. Mit (114a) ergibt sich aus (113) mit einer neuen Konstanten c

$$\delta = c\exp\left(-\frac{E_{AD}}{2kT}\right)\sqrt{t}. \tag{114b}$$

5.5 Alterung von Bauteilen

Bei Ohmwiderständen ist nach den im Text gegebenen Erklärungen zu Bild 109

$$\frac{\Delta R}{R} = K_R \delta$$

und bei Kondensatoren

$$\frac{\Delta C}{C} = -K_C \delta \, ,$$

wobei K_R und K_C Proportionalitätskonstanten sind. Mit (114b) wird daraus

$$\frac{\Delta R}{R} = Q_R \exp\left(-\frac{E_{AD}}{2kT}\right) \sqrt{t} \qquad (115)$$

und

$$\frac{\Delta C}{C} = -Q_C \exp\left(-\frac{E_{AD}}{2kT}\right) \sqrt{t} \qquad (116)$$

mit $Q_R = K_R c$ und $Q_C = K_C c$. Beide Konstanten haben die Einheit 1/s. Die Gleichungen (115) und (116) stellen die sogenannten $\sqrt{t}$-Gesetze dar, nach denen sich die Bauteile bei Diffusionsvorgängen ändern. Sie enthalten zwei unbekannte Parameter, nämlich E_{AD} und Q_R bzw. Q_C.

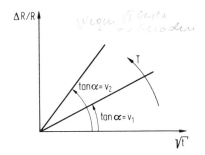

Bild 110. $\Delta R/R = f(\sqrt{t})$ bei Alterung durch Diffusion von O.

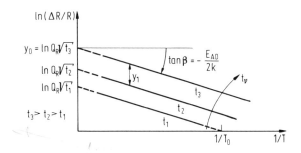

Bild 111. Bestimmung der Konstanten E_{AD} und Q_R.

Zur Bestimmung der Konstanten kann man $\Delta R/R$ in (115) bei konstanten Temperaturen $T = T_1$ und $T = T_2$ messen und in Bild 110 über $\sqrt{t}$ auftragen. Aus den Steigungen

$$\tan \alpha = V_1 = Q_R \exp\left(-\frac{E_{AD}}{2kT_1}\right)$$

und
$$\tan\alpha = V_2 = Q_R \exp\left(-\frac{E_{AD}}{2kT_2}\right)$$

der beiden Geraden lassen sich Q_R und E_{AD} berechnen.

Man kann jedoch auch die Meßzeit $t = t_\nu$ konstanthalten und die Proben bei variablem T messen. Dann ergibt sich aus (115)

$$\ln\frac{\Delta R}{R} = \ln Q_R \sqrt{t_\nu} - \frac{E_{AD}}{2kT} \quad . \tag{117}$$

ln $\Delta R/R$ ist in Bild 111 als Funktion von $1/T$ mit t_ν als Parameter aufgetragen. Die Steigung der sich ergebenden Geraden ist

$$\tan\beta = -\frac{E_{AD}}{2k} \, ,$$

der Ordinatenabschnitt ist

$$Y_0 = \ln Q_R + \ln\sqrt{t_\nu} \, ,$$

woraus sich

$$E_{AD} = -2k\tan\beta \tag{118}$$

und

$$Q_R = e^{y_0 - \ln\sqrt{t_\nu}} \tag{119}$$

ergeben.

Die Parabeln für $\Delta R/R$ und $\Delta C/C$ als Funktion von t, i.a. in h, mit T als Parameter sind in Bild 112 aufgetragen. Sie zeigen das zeitliche Verhalten von R und C bei Temperung oder, wie man auch sagt, bei Alterung bei der Temperatur T. Zur näheren Untersuchung der Alterung berechnen wir aus (115) die Steigung der Parabeln

$$\frac{d\frac{\Delta R}{R}}{dt} = V\frac{1}{2\sqrt{t}} \tag{120}$$

mit

$$V = Q_R \exp\left(-\frac{E_{AD}}{2kT}\right)$$

5.5 Alterung von Bauteilen

Wird ein Widerstand während der Zeit t_1 bei erhöhter Temperatur T_1 gealtert, dann erreicht er nach (115) die Änderung

$$\left(\frac{\Delta R}{R}\right)_0 = Q_R \exp\left(-\frac{E_{AD}}{2kT_1}\right)\sqrt{t_1}, \tag{121a}$$

wo nach (120) die Steigung

$$\left.\frac{d\left(\frac{\Delta R}{R}\right)_0}{dt}\right|_{\substack{t=t_1 \\ T=T_1}} = Q_R \exp\left(-\frac{E_{AD}}{2kT_1}\right)\frac{1}{2\sqrt{t_1}} \tag{121b}$$

herrscht.

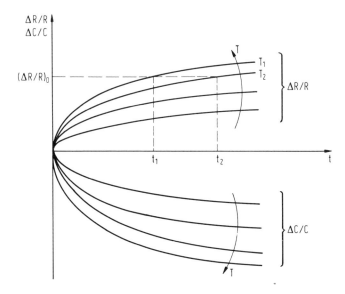

Bild 112. Alterung $\Delta R/R$ und $\Delta C/C$ in Abhängigkeit von der Zeit t mit der Temperatur T als Parameter.

Von t_1 ab wird der Widerstand bei der Temperatur $T_2 < T_1$ in Schaltungen betrieben. Dies hat zur Folge, daß die weitere Änderung auf der Kurve mit $T = T_2$ in Bild 112 bei der bereits erfolgten Änderung $(\Delta R/R)_0$, d.h. bei der Zeit $t = t_2$ weitergeht. Diese Zeit t_2 hätte der Widerstand gebraucht, um bei der Temperatur T_2 dieselbe Änderung $(\Delta R/R)_0$ zu erreichen. Es gilt also

$$\left(\frac{\Delta R}{R}\right)_0 = Q_R \exp\left(-\frac{E_{AD}}{2kT_2}\right)\sqrt{t_2}. \tag{122}$$

Aus (122) und (121a) folgt

$$\sqrt{t_2} = \sqrt{t_1} \exp\left[-\frac{E_{AD}}{2k}\left(\frac{1}{T_1} - \frac{1}{T_2}\right)\right]. \qquad (123)$$

Auf der Parabel mit $T = T_2$ herrscht bei $t = t_2$ nach (120) die Steigung

$$\left.\frac{d\frac{\Delta R}{R}}{dt}\right|_{\substack{t=t_2\\T=T_2}} = Q_R \exp\left(-\frac{E_{AD}}{2kT_2}\right)\frac{1}{2\sqrt{t_2}}. \qquad (124)$$

Das Verhältnis σ der Steigungen in (121b) und (124) ist mit (123)

$$\sigma = \exp\left[-\frac{E_{AD}}{k}\left(\frac{1}{T_1} - \frac{1}{T_2}\right)\right]. \qquad (125)$$

Bei $T_1 > T_2$ ist $\sigma > 1$, d.h. die Änderung von $\Delta R/R$ geht bei t_2 mit geringerer Steigung als bei t_1 weiter. Der Widerstand hat durch die Alterung eine erhöhte Langzeitkonstanz erhalten. Die starken Änderungen bei kleinen Zeiten werden durch die Alterung vorweggenommen. Die folgenden Zahlenwerte zeigen den Unterschied der Steigungen in (125):

Mit $\quad \dfrac{E_{AD}}{k} = 10\,800\,\text{K}; \quad T_1 = 448\,\text{K}\,(175°C); \quad T_2 = 298\,\text{K}\,(25°C).$

ergibt sich $\sigma \approx 10^3$, d.h. die weitere Änderung ist um 10^3 kleiner.

Das $\sqrt{t}$-Gesetz gilt bei kleinen t oft nicht, weil dort, wie erwähnt, neben den Diffusionsvorgängen noch Auskristallisationen, Verschiebungen der Korngrenzen und Änderungen von Übergangswiderständen ablaufen. Widerstände und Kondensatoren [113] werden einer Temperung oder, wie man sagt, Voralterung unterworfen, die bei erhöhter Temperatur bis zu einigen Stunden andauern kann. Von der dabei erreichten Stabilisierung aus wird die Langzeitkonstanz der Bauteile angegeben.

Die Diagramme in Bild 113ab enthalten Temperungskurven von einigen Ta_2O_5-Kondensatoren und einem Ta-Oxinitridwiderstand. Kondensatoren aus β-Ta sind bei Temperaturen von mehr als 175°C nicht mehr stabil. Bei der Voralterung sind die Änderungen von R und C wegen der genannten Effekte neben der Diffusion noch nicht gegenläufig. Den Verlauf von $\tan\delta$ und des TKC bei der Voralterung zeigen die Bilder 114ab. In der Tabelle 18 ist die Langzeitstabilität einiger Schichten nach der dort angegebenen Voralterung verzeichnet. Der zeitliche Verlauf der Langzeit-Änderungen ist für Widerstände und Kondensatoren in Bild 114c aufgetragen. Die

5.5 Alterung von Bauteilen

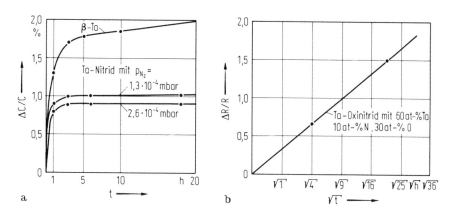

Bild 113a,b. Änderung von Bauteilen während der Temperung bei 250°C. a) Verlauf von $\Delta C/C$ (nach [88]); b) Verlauf von $\Delta R/R$ (nach [70]).

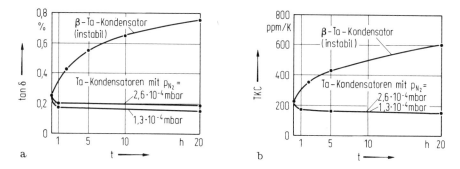

Bild 114a,b. Änderung des Kondensators während der Temperung bei 250°C. a) Verlauf von $\tan\delta$; b) Verlauf des TKC.

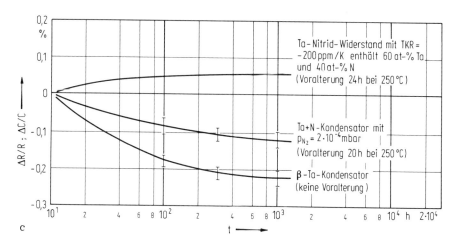

Bild 114c. Relative Änderung von vorgealterten Widerständen und Kapazitäten bei Lagerung an Luft bei 125°C (bei Kondensatoren $U_F = 200\,V$).

Langzeitstabilität von R und C nach dem Einschichtverfahren ist nach Tabelle 18 auch zahlenmäßig gegenläufig, wenn 24 h lang bei 250°C vorgealtert wird. Sie beträgt dann $\Delta R/R = -\Delta C/C = 0,25\,\%$ nach 1000 h bei 175°C [70]. Bemerkenswert ist in Tabelle 18 noch die hohe Langzeitkonstanz von TaAl-Widerständen.

Tabelle 18. Langzeitstabilität von Widerständen und Kondensatoren aus Ta-Schichten

	Temperung	Langzeitstabilität ohne Strombelastung in trockener Luft
R aus Ta-Oxinitrid $p_{N_2} = 4{,}7 \cdot 10^{-4}$ mbar	24 h bei 250°C	$\Delta R/R = 0,5\,\%$ nach 1000 h bei 175°C
C aus β-Tantal	ohne Voralterung	$\Delta C/C = -0,2\,\%$ nach 1000 h bei 125°C
R und C aus Ta-Oxinitrid $p_{N_2} = 2{,}4 \cdot 10^{-4}$ mbar $p_{O_2} = 2{,}4 \cdot 10^{-4}$ mbar	24 h bei 250°C	$\Delta R/R = 0,25\,\%$ nach 1000 h bei 175°C $\Delta C/C = -0,25\,\%$ nach 1000 h bei 175°C
je 50 at-% Al/Ta	2 h bei 300°C	$\Delta R/R = 0,03\,\%$ nach 5000 h bei 125°C

5.6 Prozeßfolgen der Herstellung von Widerständen und Kondensatoren auf einem Substrat

Die einzelnen Prozeßschritte bei der Herstellung von Dünnschichtschaltungen sind nun bis auf das Bonden und Abgleichen bekannt. Die fehlenden Schritte sind dieselben wie bei Dickschichtschaltungen und werden später behandelt. Sie müssen an die im folgenden dargestellten für Dünnschichtschaltungen spezifischen Schritte am Ende angefügt werden.

5.6.1 Herstellung von Widerständen und Kondensatoren auf einem Substrat nach dem Bell-Verfahren[1]

Die Reihenfolge der Prozeßschritte ist bei Verwendung von Keramiksubstraten nach W. Woroby und Mitarbeiter [114] die folgende:

1. Substratreinigung;
2. Aufstäuben von β-Ta;
3. Photolackmaske zur Abdeckung von Grundelektroden und deren Anschlüsse aufbringen;

---

[1] Bell Telephone Laboratories.

5.6 Prozeßfolgen bei der Herstellung von R und C

4. Freiätzen der Grundelektroden und Anschlüsse;
5. Photolack entfernen;
6. Photolackmaske mit Fenster für Grundelektroden aufbringen;
7. Anodisieren der Kondensatoren auf 90 % ihres Sollwertes;
8. Photolack entfernen und Oberflächen reinigen;
9. Aufstäuben von Ta-Oxinitrid;
10. Aufdampfen einer Ti-Pd-Kontaktschicht für Anschlüsse;
11. Photolackmaske zur Abdeckung der Kontaktflächen aufbringen;
12. Wegätzen von Ti-Pd neben den Kontaktflächen;
13. Photolack entfernen;
14. Photolackmaske zur Abdeckung der Widerstandsmäander aufbringen;
15. Freiätzen der Mäander, dabei wirkt bei den C-Flächen das Ta_2O_5-Dielektrikum als Ätzstop;
16. Photolack entfernen;
17. Voraltern der Widerstände bei 300°C 2 h lang;
18. Photolackmaske mit Fenster für Grundelektroden aufbringen;
19. Anodisieren der Kondensatoren auf Endwert war bei 7. nicht möglich wegen der nachfolgenden Alterung in 17. bei der β-Ta nicht beständig ist;
20. Photolack entfernen und Oberfläche reinigen;
21. Aufdampfen von NiCr-Au-Leitermaterial;
22. Photolackmaske zur Abdeckung von Leitern, Deckelektroden und Anschlüssen aufbringen;
23. Wegätzen von NiCr-Au neben den Leitungen, Deckelektroden und Anschlüssen;
24. Photolack entfernen.

Bei Verwendung von Glassubstraten muß zu Beginn des Prozesses ein am besten thermisch oxidierter Ta_2O_5-Ätzstop [115] aufgebracht werden. Die Punkte 2 und 9 bedeuten ein zweimaliges Benutzen eines Hochvakuums. Das Verfahren benötigt bei negativem Photolack sechs Masken und eine dreimalige Substratreinigung. Anstelle von β-Ta können auch Kondensatoren aus stärker N-dotierten Ta verwendet werden, die sich zusammen mit den Widerständen tempern lassen. Bei rauhen Keramiksubstraten müssen die Flächen für Kondensatoren glasiert werden.

5.6.2 Mehrschichtverfahren

B. Kaiser [52] hat ein Vielschichtverfahren angegeben, bei dem man unter Benutzung eines einzigen Hochvakuums R und C auf einem Substrat erzeugen kann. Der Grundgedanke ist, zuerst eine Grundschicht aus einem Widerstandsmaterial, dann eine Al-Trennschicht und darauf eine Schicht für das Dielektrikum aufzubringen. Widerstände werden, wie beschrieben wird, durch selektives Wegätzen der Al-Trennschicht und der darauf liegenden C-Schicht hergestellt. Die Prozeßfolge im einzelnen ist bei Verwendung einer N-dotierten Ta-Schicht für Kondensatoren und bei Glassubstraten die folgende:

1. Substratreinigung;
2. Aufbringen einer Ta_2O_5-Ätzstopschicht [115] und Reinigung der Oberfläche;
3. Aufstäuben einer Ta-Oxinitrid-Widerstandsschicht, einer Al-Trennschicht und einer N-dotierten Ta-Kondensatorschicht (vgl. Bild 115a);

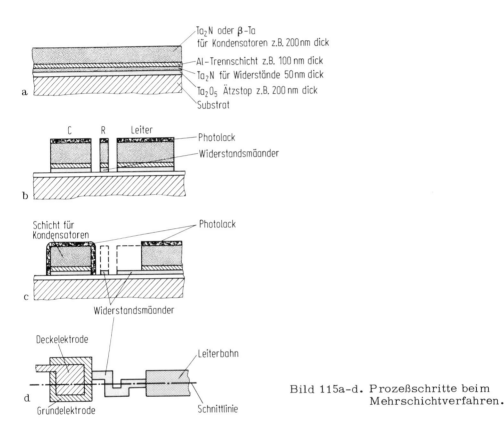

Bild 115a-d. Prozeßschritte beim Mehrschichtverfahren.

4. Photolackmaske zur Abdeckung der Grundelektroden, Mäander, Leiter und Anschlüsse aufbringen;
5. Freiätzen der Gesamtstruktur bis herunter auf Substratoberfläche, wobei die unter 4 genannten Bauteile stehen bleiben (vgl. Bild 115b);
6. Photolack entfernen;
7. Positiven Photolack mit Fenster für Mäander aufbringen;
8. Durchätzen der Al-Trennschicht oberhalb der Widerstandsmäander von der Seite her, dabei löst sich die obere Ta-Schicht ab und der R-Mäander liegt frei (vgl. Bild 115c);

5.6 Prozeßfolgen bei der Herstellung von R und C

9. Photolack nochmals belichten und Fenster für Grundelektroden freilegen;
10. Anodisieren der Kondensatoren auf Endwert; dabei dürfen die Widerstände, die ja nun unbedeckt sind, keine galvanische Verbindung mit den Grundelektroden haben;
11. Photolack entfernen und Oberfläche reinigen;
12. Aufdampfen von NiCr-Au;
13. Photolackmaske zur Abdeckung von Deckelektroden, Leitern und Anschlüssen aufbringen;
14. Wegätzen von NiCr-Au neben den Deckelektroden, Leitern und Anschlüssen;
15. Photolack entfernen;
16. Altern der Widerstände und Kondensatoren, z.B. 24 h bei 250°C.

Die Draufsicht auf die fertige Schaltung zeigt Bild 115d.

Das Verfahren benötigt bei positivem Photolack nur drei, bei negativem vier Photolackmasken und eine zweimalige Substratreinigung. Als R- oder C-Schicht können beliebige Schichten ausgewählt werden. Die R-Schicht muß jedoch beim Wegätzen des Al in Schritt 8 resistent sein. Diese Freiheit macht das Verfahren sehr flexibel. Man kann z.B. den hochstabilen Widerstand mit 50 at-% Ta und 50 at-% Al und den temperfähigen Kondensator aus Ta-Oxinitrid zusammen verwerten. Die Kondensatoren haben durch das Verfahren von selbst eine niederohmige Al-Grundelektrode erhalten. Die Au-Leiterbahnen können vermieden werden, wenn man die sowieso vorhandene durch eine C-Schicht vor Oxidation bewahrte Al-Schicht verwendet. Deckelektroden und Anschlußflächen können dann z.B. aus Fe-NiB erzeugt werden [52].

5.6.3 Herstellung von Widerständen und Kondensatoren aus einer Schicht

Die Herstellung von temperaturkompensierten Widerständen und Kondensatoren aus einer im Abschnitt 5.3.8.1 näher beschriebenen Ta-Oxinitridschicht [70] geschieht in den folgenden Schritten, wobei die ersten beiden Schritte nach 5.6.2 ablaufen:

3. Aufstäuben von Ta-Oxinitrid, z.B. 200 nm dick;
4. Photolackmaske zur Abdeckung von Grundelektroden, Mäandern, Leitern und Anschlüssen aufbringen;
5. Freiätzen der unter 4 genannten Bauteile;
6. Photolack entfernen;
7. Photolackmaske mit Fenster für Grundelektroden und Widerstände aufbringen;
8. Anodisieren von Widerständen und Kondensatoren z.B. auf $R_F = 50\,\Omega/\square$ und $C_F = 50\,nF/cm^2$;
9. Photolack entfernen und Oberfläche reinigen;
10. Aufdampfen von NiCr-Au;

124   5 Dünnschichttechnik

11. Photolackmaske zur Abdeckung von Deckelektroden, Leitern und Anschlüssen aufbringen;
12. Wegätzen von NiCr-Au neben den Bauteilen unter 11;
13. Photolack entfernen;
14. Altern der Bauteile.

Bei diesem Verfahren sind nur ein Hochvakuum und drei Photolackmasken nötig.

5.6.4 Herstellprozeß für RC-Leitungen

Die Struktur der abgleichbaren RC-Leitung ist in Bild 21 dargestellt. Die Fertigungsschritte 1 bis 3 sind dieselben wie bei 5.6.3. Die übrigen sind nach [20]:

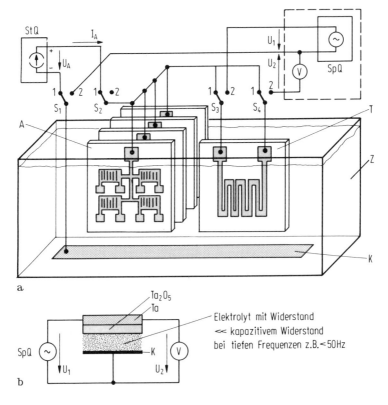

Bild 116a,b. Anodisieren von RC-Leitungen auf vorgeschriebenen Wert RC (nach [20]). a) Das Verfahren: StQ: Stromquelle zum Anodieren aller Schaltungen in Schalterstellung S_1, S_2, S_3 und S_4 in 1; K: Kathode für Elektrolysebad mit Elektrolyten Z; T: Testsubstrat, an dem in Schalterstellung S_i (i = 1, 2, ... 4) in 2 für die Leitung auf T nach Schaltung in Bild 116b das Verhältnis $|U_2/U_1|$ gemessen wird. Daraus folgt der Wert für RC. b) Meßschaltung mit Spannungsquelle SpQ bei S_1 bis S_4 in Stellung 2 (nach [20]).

5.6 Prozeßfolgen bei der Herstellung von R und C

4. Photolackmaske zur Abdeckung von Mäandern und deren Anschlüssen aufbringen;
5. Freiätzen des Mäanders mit Anschlüssen;
6. Photolack entfernen;
7. Photolackmaske 20 µm stark mit Fenstern für Mäander aufbringen;
8. Anodisieren des Mäanders, z.B. bei U_F = 200 V, was ein 350 nm dickes Dielektrikum liefert. Die Anodisation wird beendet, sobald ein vorgeschriebener Wert für das Produkt RC der Leitung erreicht ist. Dabei sind R bzw. C der gesamte Widerstand bzw. die gesamte Kapazität einer Leitung. Den Aufbau des Anodisiergerätes zeigt Bild 116. Am Testsubstrat T wird RC gemessen und schließlich über die Schalter S_1 und S_2 die Anodisation aller Schaltungssubstrate A abgeschaltet.

Die Schritte 9 bis 13 sind wieder dieselben wie bei 5.6.3. Auch bei diesem Verfahsind nur ein Hochvakuum und drei Photolackmasken nötig.

6 Bonden

Löten, Thermokompression und Ultraschallbonden sind in der Dünn- und Dickschichttechnik übliche Verfahren zur Herstellung elektrischer Verbindungen [13]. Als Bindungskräfte treten auf: Ionen-Bindungen als elektrostatische Kräfte zwischen positiv und negativ geladenen Ionen, kovalente Bindungen, bei denen sich einzelne Atome in Elektronen teilen, metallische Bindungen zwischen positiv geladenen Atomen des Gitters und freien Elektronen und van der Waalsche Kräfte, die durch Elektronen in benachbarten Atomen hervorgerufen werden. Letzere üben einen schwachen Einfluß aus.

6.1 Löten

In der Schichttechnik sind Zinn-Blei-Lote im Einsatz, deren Zustandsdiagramm [116] in Bild 117 dargestellt ist. Bei der eutektischen Zusammensetzung 37% Blei und 63% Zinn,

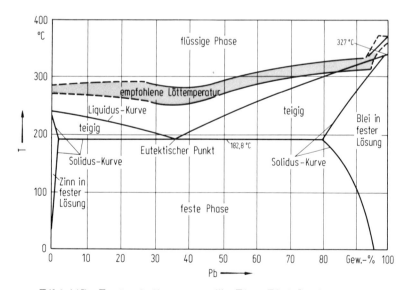

Bild 117. Zustandsdiagramm für Zinn-Blei-Legierungen

6.1 Löten

wo der direkte Übergang vom festen in den flüssigen Zustand stattfindet, ergibt sich i.a. eine gute Verbindung der aneinander zu lötenden Teile. Tabelle 19 gibt eine Übersicht über Lotlegierungen, deren Zusätze und Anwendungen. Einige der wichtigsten Lötverfahren sind im folgenden dargestellt.

Tabelle 19. Lotlegierungen und deren Anwendungen (aus [4])

Lotzusammen-setzung in %	Schmelzbereich in °C	Anwendung
Sn 60, Pb 40	183 ... 187	Standardlote für Tauchverzinnung,
Sn 63, Pb 37	183 eutektisch	Kolbenlötung und Einbau von Komponenten
Sn 60, Pb 36, Ag 4	171 ... 179	Silberschutzlot zum Löten an versilberten Teilen (Keramikkondensatoren)
Sn 10, Pb 90	270 ... 300	Erstlote für Stufenlötung und Lötstellen
Pb 95, In 5	300 ... 320	höherer Temperaturbelastung
Sn 90, Ag 10	221 ... 295	Löt-Flip-Chips,
Sn 95, Ag 5	221 ... 245	Lötstellen höherer Temperaturbelastung
Sn 100	232	Halbleitermontage
Sn 93, Au 7	217 ... 220	Halbleitermontage, hermetischer Verschluß von Gehäusen
Sn 20, Au 80	280 eutektisch	Halbleitermontage, hermetischer Verschluß, Lot ist sehr spröde und hart
Ge 87, Au 13	356 eutektisch	Halbleitermontage,
Si 93, Au 7	370 eutektisch	hermetischer Verschluß, hohe Festigkeit und Zähigkeit
In 100	156	Lote mit sehr niedriger Schmelztemperatur
Sn 50, In 50	117 eutektisch	und geringer Festigkeit

6.1.1 Tauchlöten

Nach Bild 118 kann das einzulötende Bauteil durch Löcher im Substrat mit Hilfe des Tauchverzinnens mit den Leiterbahnen verbunden werden. Dies geschieht im Bereich A in Bild 118, in dem das Zinnbad in Wallung versetzt wird. Die Leiterbahnen sollten z.B. aus Au-, Cu- oder Ag-Legierungen sein. Sie werden während des Vorganges verzinnt. Die Verzinnung kann in Schutzgasatmosphäre erfolgen [117].

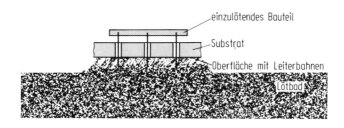

Bild 118. Verbindung von Bauteilen mit Leiterbahnen durch Tauchlöten.

6.1.2 Reflow Soldering

Auf die Enden der Leiterbahnen werden nach Bild 119 Lotperlen aufgebracht, welche i.a. einen Kleber zur Positionierung der anzulötenden Anschlüsse enthalten. Eine Lötbarriere, z.B. aus Glas oder Photolack verhindert das Abfließen des Lotes längs der Leiterbahn. Die Lotperlen werden zur Herstellung der Lotverbindung erhitzt.

Bei der Face-down Montage eines Bauteiles [118], wie z.B. des ungehäusten Transistors in Bild 120, werden die Lotperlen auf die Enden der Leiterbahnen aufgesetzt. Der Lötvorgang geschieht zweckmäßigerweise in Schutzgasatmosphäre.

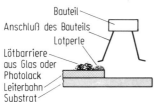

Bild 119. Reflow Soldering mit Lotperlen auf den Leiterbahnen.

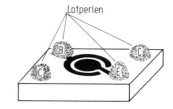

Bild 120. Bauteil mit Lotperlen für Facedown-Montage.

6.2 Thermokompression und Punktschweißen

Bei der Thermokompression werden Verbindungen bei erhöhter Temperatur und unter Druck hergestellt [119]. Die Erwärmung kann nach Bild 121a, b durch Erhitzen des Substrates, des Druckstempels oder durch Widerstandsheizung mit zwei dicht benachbarten Elektroden bewirkt werden. Der Vorgang des "nail head"-Bondens ist in Bild 122 und das "stitch"-Bonden in Bild 123 dargestellt. Mit Thermokompression können Verbindungen aus denselben Metallen oder aus zwei verschiedenen mit guter Adhäsion, wie Fe-Al, Cu-Ag, Ni-Cu, Ni-Mo hergestellt werden. Oxide auf den Metalloberflächen beeinträchtigen die Verbindung.

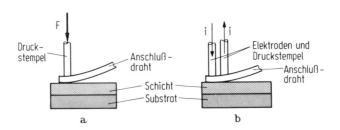

Bild 121a,b. Herstellung von Verbindungen durch Thermokompression. a) mit Substratheizung oder mit Heizung des Druckstempels oder mit beiden; b) mit Widerstandsheizung über zwei Elektroden.

6.3 Ultraschallbonden

Das Punktschweißen arbeitet ähnlich, aber ohne wesentlichen Druck, dafür aber i.a. mit höherer Temperatur an der Schweißstelle.

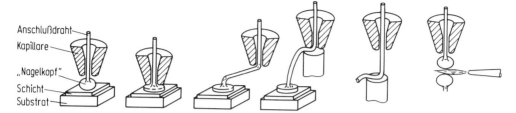

Bild 122. Die einzelnen Stufen des Nailhead-Bonden (aus M.L. Topfer).

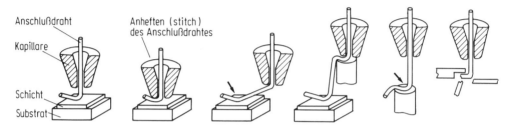

Bild 123. Die einzelnen Stufen des Stitch-Bonden (aus M.L. Topfer).

6.3 Ultraschallbonden

Über einen elektromechanischen Wandler wird nach Bild 124 die Spitze eines Stiftes S in Vibration parallel zur Substratoberfläche versetzt. Diese Bewegung erzeugt eine

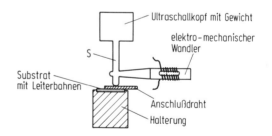

Bild 124. Ultraschallbonden.

Tabelle 20. Materialien für Ultraschallbonden

Dünne Schicht	Drahtanschluß
Al	Al, Au
Ni	Al, Au
NiCr	Al
Cu	Al
Au	Al, Au

plastische Verformung von Anschlußdraht und Leiterbahn, welche sich dann unter Anwendung von Druck miteinander verbinden [120]. Störende Oxidschichten auf Oberflächen werden dabei durchstoßen. Eine Erhitzung ist nicht nötig. In Tabelle 20 sind Schichten und Drahtmaterialien aufgeführt, die sich durch Ultraschallbonden miteinander verbinden lassen.

6.4 Kleben

Elektrische Verbindungen können mit Hilfe leitfähiger Epoxyharze als aushärtbare Kleber hergestellt werden. Die Harze sind Ein- oder Zwei-Komponentensysteme mit elektrisch leitenden Füllstoffen, wie z.B. Cu-, Ag-, Al- oder Au-Staub. Bei Ag ist der Füllstoffgehalt üblicherweise 60 bis 70 %, bei Au erreicht er 90 %. Das Einkomponentensystem enthält bereits einen Härter, bei zwei Komponenten wird er separat als zweite Komponente zum Beimengen mitgeliefert. Die Harze sind bei Raumtemperatur zähflüssig. Ein großer Vorteil ist, daß keine Lösungsmittel verwendet werden müssen. Der Kleber ist damit chemisch weniger aggressiv als Lote.

Tabelle 21. Eigenschaften einiger Kleber der Fa. Epoxy-Technology

Kleber	Epo-Tek-430	Epo-Tek-H 20	Epo-Tek-H 40
Füllstoff	Cu	Ag	Au
Eigenschaften vor der Aushärtung	teigig	teigig und thixotrop	teigig und thixotrop
Spez. Widerstand nach dem Aushärten in mΩ cm	3 ... 5	0,1 ... 0,5	0,1 ... 0,3
Hochtemperaturbeständigkeit	-	$\leqslant 400°C$	$\leqslant 400°C$
Anwendungen	preiswertes Bonden, Dichten, Einkapseln	hochwertiges Bonden, Vakuumdichten	höchstwertiges Bonden

Das Epoxyharz wird auf die Bondstelle entweder mit einem Pinsel, mit einer Düse, aus der es unter Einwirkung von Preßluft austritt, oder mit Hilfe des Siebdruckes aufgebracht. Eine besonders geschickte Anordnung ist eine Düse, die aus einer Vorratspatrone gespeist wird. Nach dem Aufbringen wird das Harz beim Einkomponentenkleber bei ca. 120°C 45 min lang oder bei 60 bis 80°C 12 h lang getrocknet und ausgehärtet. Diese niedrigen Arbeitstemperaturen bedeuten einen schonenden Umgang mit empfindlichen Bauteilen. Zweikomponentenkleber härten sogar schon bei Raumtemperatur aus. Nach dem Aushärten ist bei einigen Klebern eine Betriebstemperatur bis zu 400°C zulässig. Spezielle Kleber weisen bis zu

10^{-8} mbar noch kein Ausgasen auf und können damit als Dichtungsmittel in Vakuumanlagen verwendet werden.

Einige Eigenschaften von Epoxy-Klebern findet man in Tabelle 21. Die Haftfestigkeit von Klebeverbindungen kommt der des eutektischen Lötens gleich.

6.5 Umhüllung von Schaltungen

Die Umhüllung soll einen Schutz gegen mechanische und chemische Schädigung der Schaltung bieten und insbesondere Feuchtigkeit fernhalten.

Epoxyharze ohne leitende Füllstoffe sind weit verbreitete Umhüllungsmaterialien. Sie werden z.B. durch Eintauchen in Epoxyharz als dünne Schicht um die Schaltung gelegt und wie Kleber verarbeitet. Die niedrige Aushärtetemperatur ist auch hier vorteilhaft. Ein vergleichbarer Schutz läßt sich auch mit Silikon-Preßmassen erreichen.

Niedrig schmelzende Gläser mit einer Schmelztemperatur unter 500°C können ebenfalls zur Passivierung und Umhüllung von Dickschicht-Schaltungen verwendet werden. Die Schichtdicke des Glases beträgt ca. 10 µm.

Schutzschichten aus Glas können nach Abschnitt 4.4.8 auch im Siebdruckverfahren aufgebracht werden. Das Aufstäuben von Si-Oxid liefert einen dichten Überzug, der allerdings nur ca. 300 nm stark ist. Dieses Verfahren wird bei Halbleiterschaltungen angewandt.

Al-Keramikgehäuse, die Leiterbahnen, z.B. aus Molybdän-Mangan-Legierungen oder Gold enthalten, werden, falls nötig, hermetisch abgeschlossen, wozu oft Lötverfahren in Schutzgasatmosphäre eingesetzt werden. Wird das Gehäuse mit einem Gas, wie z.B. N_2 oder N_2 zusammen mit H_2 gefüllt, dann ist nach dem Versiegeln außen ein Lecktest durch Nachweis des Gasaustrittes möglich.

7 Abgleich von Bauteilen

Der Schaltungsabgleich wird i.a. an Widerständen ausgeführt. Ein Abgleich von Kondensatoren, z.B. durch Verkleinern der Elektrodenfläche wird sehr selten angewandt, weil die Gefahr der Beschädigung des Dielektrikums besteht.

7.1 Abgleich von Dickschichtwiderständen durch Sandstrahlen

Körner aus Al-Oxid werden auf die Oberfläche von Dickschichtwiderständen geblasen, wodurch, wie in Bild 125 dargestellt, Widerstandsmaterial abgetragen wird. Der Widerstand wird durch die Wirkung der Kerbe hochohmiger. Dieses Verfahren wird zunehmend vom Laserabgleich abgelöst.

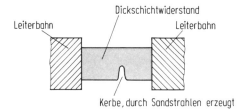

Bild 125. Widerstandabgleich durch Sandstrahlen.

7.2 Laser-Abgleich von Schichtwiderständen [123 bis 125]

In einen Widerstand wird nach Bild 126 mit dem Laser ein sogenannter L-Schnitt bis auf die Substratoberfläche eingebrannt. Der Schnitt senkrecht zur Stromrichtung bewirkt eine starke, der Schnitt parallel zur Stromrichtung eine schwächere Erhöhung des Widerstands. Dies ist in Bild 127 verdeutlicht. Für die üblichen Widerstandsmaterialien eignet sich, wie Bild 24 zeigt, ein YAG-Laser. Durch den Temperaturschock beim Schnitt kann sich der Widerstand nach erfolgtem Abgleich noch etwas ändern, stellt sich aber schließlich auf einen konstanten Wert ein [125]. Bei Dickschichtwiderständen können bei zu heftigem Wärmeschock Haarrisse entstehen, welche die Langzeitstabilität beeinträchtigen.

7.3 Abgleich durch Anodisieren

Bei Mäandern werden zum Grobabgleich die Stege in Bild 128 durchgetrennt. Ein Grobabgleich ist auch durch Auftrennen der Stege A in Bild 129 möglich. Der Feinabgleich kann mit einem Schnitt S in der Mäanderbahn erfolgen. Ein Vorteil des Laserabgleiches ist die Möglichkeit, während des Abgleichs den Widerstand ungestört messen zu können, da der Laser von der elektrischen Messung entkoppelt ist.

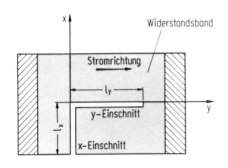

Bild 126. L-Schnitt zum Abgleich von Widerständen.

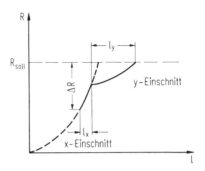

Bild 127. Widerstandsänderung bei L-Schnitt.

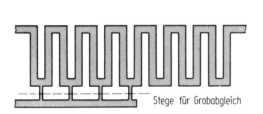

Bild 128. Grobabgleich an einem Widerstandsmäander.

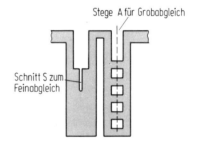

Bild 129. Grob- und Feinabgleich an einem Widerstandsmäander.

7.3 Abgleich von Ta-Schichtwiderständen durch Anodisieren [2]

Bei Ta-Dünnschichtwiderständen wird durch das im Abschnitt 5.3.9 beschriebene Anodisieren von der Oberfläche her nichtleitendes Ta_2O_5 erzeugt. Der leitende Teil des Widerstandes wird dadurch dünner und hochohmiger. Bei der erzielbaren Genauigkeit ist die Meßbrücke und nicht der physikalische Vorgang des Anodisierens ausschlaggebend. Beim Anodisieren sind Genauigkeiten $\Delta R/R = 0,01\%$ relativ gut erreichbar. Dabei wird der Abgleich oft an einem bandförmigen Anteil des Widerstandes ausgeführt, der etwa 1 bis 5% des Wertes des Gesamtwiderstandes aufweist. Der Überzug aus Ta_2O_5 schützt den Widerstand vor weiterer Oxidation und verschafft ihm dadurch eine erhöhte Langzeitkonstanz.

8 Dünnschichttransistoren

8.1 Wirkungsweise

Dünnschichttransistoren (TFT)[1] sind Feldeffekttransistoren, die über ein isoliertes Gate angesteuert werden (IGFET)[2] [5]. Bild 130 zeigt einen geschichteten, Bild 131 einen koplanaren Aufbau. Die Wirkungsweise wird am schematischen und idealisierten Aufbau in Bild 132 untersucht, in dem die Bezeichnungen und der übliche Wertebereich für die geometrischen Abmessungen angegeben sind. Den folgenden Überlegungen liegt ein n-leitender Halbleiter zu Grunde. Bei p-leitender Schicht vertauschen sich die Vorzeichen der Spannungen und Ströme.

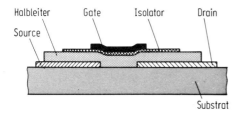

Bild 130. Geschichteter Aufbau von Dünnschicht-Feldeffekttransistoren.

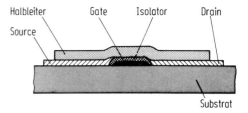

Bild 131. Koplanarer Aufbau von Dünnschicht-Feldeffekttransistoren.

Die im Halbleiter im Kanal der Länge l befindliche Ladung wird durch die Drain-Source-Spannung bewegt und erzeugt den Drainstrom i_D. Die Ladung setzt sich aus zwei Anteilen zusammen. Der erste Anteil wird vom Kondensator, der aus dem Gate, dem Gateoxid als Dielektrikum und der Halbleiteroberfläche besteht, und der Spannung u_G durch Influenz erzeugt. Ihr Wert im Raum unterhalb der Fläche wdx

---

[1] TFT: Thin Film Transistor.
[2] IGFET: Insulated Gate Field Effect Transistor.

8.1 Wirkungsweise

(vgl. Bild 132) ist bei $u_G > 0$

$$Q_C(x) = -\varepsilon_0 \varepsilon_r \frac{wdx}{d} u_C(x) = -\varepsilon_0 \varepsilon_r \frac{wdx}{d} [u_G - u(x)] ,$$

woraus sich mit der Ladung $q < 0$ eines Elektrons die Zahl der Ladungsträger pro Volumen als

$$n_C(x) = \frac{Q_C(x)}{qwhdx} = -\frac{\varepsilon_0 \varepsilon_r}{qhd} [u_G - u(x)] \tag{126}$$

ergibt. Der zweite Anteil ist die homogen verteilte Ladung $-Q_0$, die im Halbleiter ohne Influenz bereits vorhanden ist. Daraus folgt n_0, die Zahl der Ladungsträger pro Volumen als

$$n_0 = \frac{-Q_0}{qwhl} . \tag{127}$$

Die an der Stelle x durch den Kanalquerschnitt $A = wh$ vermöge der durch u_D hervorgerufenen Feldstärke $E(x)$ während dt transportierte Ladung ist

$$dQ(x) = wh [n_C(x) + n_0] q \, v dt \tag{128}$$

mit

$$v = bE(x) . \tag{129}$$

Dabei ist v die Driftgeschwindigkeit und b die Beweglichkeit der Ladungen. Für die Spannung $u(x)$ in Bild 132 gilt, wenn das Source-Potential gleich Null gesetzt

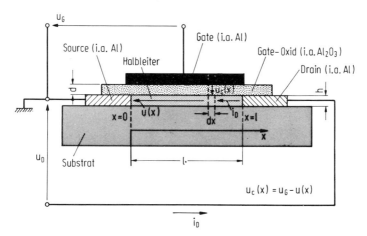

Bild 132. Prinzipieller Aufbau eines Dünnschicht-Transistors. h Dicke des Halbleiters (10...300...1000 nm); l Kanallänge (10...50...100 µm); d Dicke des Gate-Oxids (30...100...400 nm); w Kanalbreite ⊥ zur Zeichenebene (0.2...0,5...2 mm); u_G Gatespannung; u_D Drain-Source-Spannung; $u(x)$ Spannung von x nach Source; i_D Strom im Kanal von Drain nach Source.

wird

$$u(x) = -\int_x^0 E(x)\,dx = +\int_0^x E(x)\,dx,$$

d.h.

$$\frac{du(x)}{dx} = +E(x). \qquad (130)$$

Mit (126) und (127) sowie (129) und (130) wird aus (128)

$$\frac{dQ(x)}{dt} = i_D = \frac{-bC_g}{l}[u_G - u_0 - u(x)]\frac{du(x)}{dx}, \qquad (131)$$

wobei

$$C_g = \varepsilon_0 \varepsilon_r \frac{lw}{d} \qquad (132)$$

und

$$u_0 = -\frac{Q_0}{C_g} \qquad (133)$$

gesetzt wurden. C_g ist die Gatekapazität, wenn die angrenzende Halbleiteroberfläche auf konstantem Potential liegt. Aus (131) folgt

$$i_D \int_{x=0}^{l} dx = \frac{-bC_g}{l}\int_{u(0)=0}^{u_D}[u_G - u_0 - u(x)]\,du(x), \qquad (134)$$

was

$$i_D = \frac{-bC_g}{l^2}\left[(u_G - u_0)u_D - \frac{1}{2}u_D^2\right] \qquad (135)$$

ergibt. Dies ist eine nach unten geöffnete Parabel mit dem Scheitel bei

$$i_D = i_M = -\frac{bC_g}{2l^2}(u_G - u_0)^2 \qquad (136)$$

und

$$u_D = u_M = u_G - u_0. \qquad (137)$$

Bei $u_D > 0$ muß in (131) auch $i_D > 0$ sein. Dies ist wegen $b < 0$ für Elektronen und $du(x)/dx > 0$ für

$$u_G - u_0 - u(x) > 0$$

8.1 Wirkungsweise

der Fall. Die schärfste Forderung ergibt sich daraus für max $u(x) = u(l) = u_D$, d.h. für

$$u_D < u_G - u_0 . \tag{138}$$

Dies ist für $u_D > 0$ der Gültigkeitsbereich von (135). Für $u_G > 0$ und $u_D < 0$ wird die negative Ladung im Kanal nicht mehr abtransportiert, so daß $i_D = 0$ ist. Der Gültigkeitsbereich (138) für i_D in (135) erstreckt sich nach (137) gerade bis zum Scheitelwert u_M. Danach gelangt i_D in den Bereich der Sättigung, der mit (131) zu erklären ist. Bild 133 zeigt den typischen Verlauf von $u(x)$ für verschiedene Werte u_D. Für steigende Werte u_D werden die Beiträge $du(x)$ in (131) zunächst ansteigen und i_D vergrößern. Dieser Trend wird unterbrochen, wenn bei größerem u_D die Funktion $u(x)$ in der Umgebung von u_D flach, d.h. mit kleinen Werten $du(x)$ verläuft, wodurch eine Sättigung von i_D eintritt.

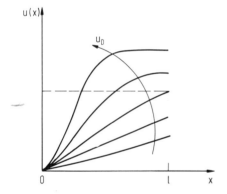

Bild 133. $u(x)$ für steigende Werte von $u(l) = u_D$.

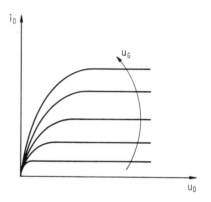

Bild 134. Kennlinien $i_D(u_D)$ eines TFT's mit u_G als Parameter

Ein Kennlinienfeld $i_D = f(u_D)$ mit u_G als Parameter ist in Bild 134 dargestellt. Für $u_G = u_0$ liegt das Maximum der Parabel bei $u_D = 0$, d.h. für

$$u_G \leqslant u_0 \tag{139a}$$

ist

$$i_D = 0 \tag{139b}$$

Ist die Anfangsladung im Halbleiter $-Q_0 < 0$ (Elektronen), dann ist nach (133) $u_0 < 0$, d.h. für $u_G = 0$ ist der Transistor leitend. Man benötigt eine negative Gatespannung, um ihn zu sperren. $u_G < 0$ bewirkt eine Verarmung (depletion) von Elektronen im Kanal. Halbleiter vom Verarmungstyp sind niederohmig, da Elektronen zur Leitung zur Verfügung stehen. Ist $-Q_0 > 0$ (Löcher im Halbleiter), dann sperrt der Transistor bei $u_G = 0$. Zur Leitung müssen durch ein positives u_G Elektronen angereichert werden (enhancement). Halbleiter vom Anreicherungstyp haben bei nichtleitendem Transistor einen hochohmigen Source-Drain-Widerstand, da weniger Elektronen zur Leitung beitragen. Aus diesem Grund und wegen des Sperrens bei $u_G = 0$ wird der Anreicherungstyp bevorzugt.

Um auch beim Anreicherungstyp im leitenden Zustand einen niederohmigen Kanal zu erhalten, müssen sich die Gate- und Source- bzw. Gate- und Drain-Elektroden überlappen, damit im ganzen Kanal Influenzladung erzeugt wird.

Die Steilheit S des Transistors ergibt sich aus (135) als

$$S = \frac{\partial i_D}{\partial u_G} = \frac{-bC_g}{l^2} u_D \cdot \qquad (140)$$

Sie ist ein Maß für die Änderung von i_D, hervorgerufen durch eine Änderung der Steuerspannung u_G.

Zwischen Source and Drain hat der leitende Transistor nach (135) einen Gleichstromleitwert

$$G_i = \frac{i_D}{u_D} = \frac{-bC_g}{l^2} \left(u_G - u_0 - \frac{1}{2} u_D \right) \qquad (141a)$$

und einen dynamischen Leitwert

$$g_i = \frac{\partial i_D}{\partial u_D} = \frac{-bC_g}{l^2} \left(u_G - u_0 - u_D \right) \cdot \qquad (141b)$$

Der Kanalwiderstand des gesperrten Transistor ist

$$R_S = \rho \frac{l}{wh} \cdot \qquad (142)$$

Das Verhältnis zwischen Sperrwiderstand R_S und Durchlaßwiderstand $R_i = 1/G_i$ ist nach (132), (141a) und (142)

$$\frac{R_S}{R_i} = \varepsilon_0 \varepsilon_r \rho \, \frac{-b}{hd} \left(u_G - u_0 - \frac{1}{2} u_D \right) \cdot \qquad (143)$$

Das Wechselstrom-Ersatzschaltbild erhält man für

$$u_G = U_G + u_{G\sim} , \qquad (144a)$$

8.1 Wirkungsweise

$$u_D = U_D , \qquad (144b)$$

$$i_D = I_D + i_{D\sim} , \qquad (144c)$$

wobei die großen Buchstaben die konstanten Gleichstromwerte und die mit Index $\sim$ die Wechselstromwerte kennzeichnen. Setzt man (144b und c) in (135) ein, so ergibt sich für die Wechselgrößen mit S in (140)

$$i_{D\sim} = S u_{G\sim} , \qquad (145)$$

was zur Wechselspannungs-Ersatzschaltung für kleine Signale des idealen Transistors in Bild 135 führt [126]. Der reale Transistor besitzt zwischen G und S, G und D sowie D und S kapazitive Kopplungen mit Leckwiderständen, was die Ersatzschaltung

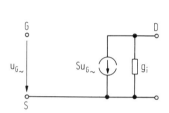

Bild 135. Ersatzschaltung eines idealen TFT.

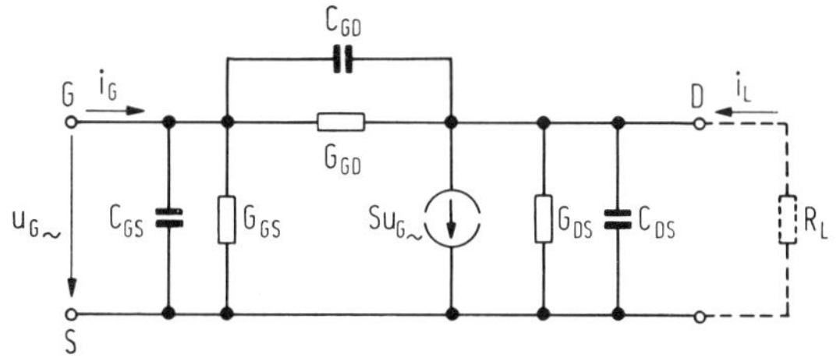

Bild 136. Ersatzschaltung eines realen TFT mit ohmschen und kapazitiven Kopplungen (R_L: äußerer Lastwiderstand).

Bild 136 ergibt. Im Leitwert G_{DS} steckt g_i von Bild 135. Die Steuerung an G erfolgt nicht leistungslos. Der Gate-Strom ist jedoch i.a. sehr klein, da nur eine kleine verlustarme Kapazität aufgeladen werden muß. Die gesamte zwischen G und S gemessene Kapazität sei C_1, wofür $C_1 \approx C_g$ gilt. Als Grenzfrequenz hat man jene Frequenz f_g definiert, bei welcher der kapazitive Steuerstrom $u_{G\sim} 2\pi f_g C_1$ gleich dem vom Transistor gelieferten Strom $S u_{G\sim}$ in Bild 135 ist. Daraus folgt [126]

$$f_g = \frac{1}{2\pi} \frac{-b u_D C_g}{l^2 C_1} . \qquad (146)$$

Für $g_i \ll 1/R_L$ errechnet man die Stromverstärkung

$$v_i = \frac{i_L}{i_G} \approx \frac{S}{j\omega C_1} \qquad (147)$$

mit i_L und i_G in Bild 136. Bei der Grenzfrequenz erhält man daraus mit $C_1 \approx C_g$
das Verstärkungs-Bandbreite-Produkt

für

$$|v_i| f_g \approx \frac{1}{2\pi} \frac{S}{C_g} = \frac{1}{2\pi} \frac{-bu_D}{l^2}$$

$$u_D < u_G - u_0 \, .$$

HF-Transistoren sollten also Halbleiter mit großer Beweglichkeit und kleiner Kanallänge haben.

8.2 Materialien und ihr Einfluß auf die Parameter

Die Elektroden Gate, Source and Drain bestehen aus einem in der Regel aufgedampften Material, wobei meistens Al verwendet wird. Das Gate-Oxid, z.B. SiO_x oder Al_2O_3 wird durch reaktives Aufdampfen oder im Fall von Al-Oxid auch durch anodische Oxidation erzeugt. Der Halbleiter, für den bisher vor allem CdS, CdSe, Te, CdTe, InAs, Ge oder Si untersucht wurden, wird aufgedampft, wobei eine polykristalline Schicht entsteht. Ob der Halbleiter vom Verarmungs- oder Anreicherungstyp ist, hängt von den Aufdampfparametern, den Dotierungen und den Restgasen des Vakuums ab. Der Kontakt zwischen dem Halbleiter und den Elektroden von Drain und Source muß ohmisch sein, was z.B. bei Verwendung von Al der Fall ist. Bei CdS scheidet Au als Elektrodenmaterial aus, da sich eine Sperrschicht bildet. Als Substrat wird meistens Corning-Glas 7056 eingesetzt, Al-Keramik ausreichender Glätte ist jedoch ebenfalls brauchbar.

Bild 137a zeigt das Kennlinienfeld eines CdSe-Transistors mit Al_2O_3-Gateoxid und Bild 137b jenes eines TFT für Spannungen bis zu $U_D = 200$ V [127].

Schwellspannung $u_G = u_0$ und Drain-Strom i_D können u.U. Drift-Erscheinungen aufweisen oder bei der Herstellung schlecht reproduzierbar sein. Eine Ursache für die Drift ist das Auffüllen von Löchern (Akzeptoren) im Gate-Dielektrikum und an der Grenzschicht zum Halbleiter mit Elektronen, was zu einer langsamen Abnahme von i_D führt. Der Effekt ist abhängig von Temperatur und Spannung und wirkt sich als eine Erhöhung der Schwellspannung aus. Eine Erniedrigung der Schwellspannung bewirken positiv geladene O-Ionen, die bei Anwesenheit von Feuchtigkeit durch das Gate-Oxid zur Oberfläche des Halbleiters diffundieren, dort Elektronen anziehen und somit i_D vergrößern. Die genannten Drifterscheinungen verändern den Strom bei Raumtemperatur innerhalb von Stunden und sind i.a. reversibel. Für ei-

8.2 Materialien und ihr Einfluß auf die Parameter

nen Transistor mit SiO_x-Dielektrikum und CdSe als Halbleiter zeigt Bild 138 die zeitliche Änderung von i_D bei 61,5°C [128].

Die bisher geschilderten Instabilitäten werden vermieden, wenn anodisiertes Al_2O_3 als Gate-Oxid und die Struktur Bild 131 verwendet werden. In dieser Struktur ist die Oxidoberfläche durch den Halbleiter und die Drain- und Source-Elektroden geschützt. Allein die Verwendung von anodisiertem Al_2O_3 bringt schon eine Verbesserung, da anodisch erzeugte Oxide i.a. weniger durchlässig für Diffusionsvorgänge sind.

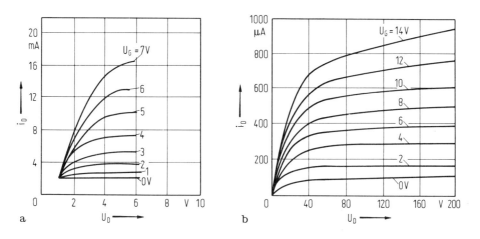

Bild 137a,b. Kennlinien eines TFT. a) CdSe-TFT; b) für hohe Spannungen.

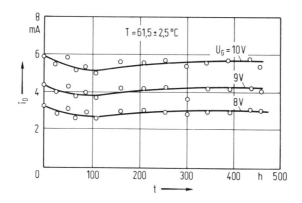

Bild 138. Zeitliche Änderung des Drainstromes i_D bei verschiedenen Temperaturen.

Eine Streuung der Parameter rührt von der polykristallinen Struktur des Halbleiters her. Mehr oder weniger zufällige Lagen von Korngrenzen, an denen sich Verunreinigungen ablagern, setzen die freie Weglänge herab. Darüber hinaus wirken sie i.a. als Akzeptoren und bauen Potentialschwellen für die Drift der Elektronen durch den

Halbleiter auf. Diese Behinderung der Bewegung führt zu einer effektiven Beweglichkeit, die i.a. unter der des Einkristalls liegt. Te-Kristall hat z.B. eine Elektronenbeweglichkeit von $b = -910 \, cm^2/Vs$, während aufgedampftes Te $b = -200 \, cm^2/Vs$ besitzt. Die Beweglichkeit von aufgedampftem CdS ist $b = -0,1 \ldots -50 \, cm^2/Vs$. Die Bildung der Kristallite hängt stark von einer Vielzahl von Prozeßparametern ab, was in Tabelle 22 zusammengestellt ist.

Tempern fördert das Kristallwachstum und vermindert innere Spannungen. Korndurchmesser von ca. 50 nm sind möglich. Tempern erfolgt i.a. 1,5 h in trockenem Stickstoff bei ca. 350°C. Bei CdSe wurden nach dem Aufdampfen $\rho = 0,1 \ldots 1 \, \Omega cm$ und nach der Temperung $\rho = 10^5 \ldots 10^6 \, \Omega cm$ gemessen.

Ein spezifischer Widerstand $\rho = 10^5 \, \Omega cm$ führt bei $b = -200 \, cm^2/Vs$ und Al_2O_3 mit $\varepsilon_r = 8$, $d = 100 \, nm$, $h = 01, \mu m$ und $u_g - u_0 - u_D/2 = 1 \, V^{-200}$ nach (143) zu $R_S/R_i \approx 10^6$, was eine beachtlich großes Verhältnis von Sperr- zu Durchlaßwiderstand ist.

Tabelle 22. Auswirkungen der Parameter beim Aufdampfen von Halbleitern

Prozeßparameter	Einfluß auf[a]
Substrattemperatur	K, V, Z, I
Temperatur der Quelle	K, V, Z
Aufdampfrate	K, V, Z
Restgas im Vakuum	K, O, V
Geometrie der Anlage	K, O, V
Reinigung der Substratoberfläche	K, O, V
Einfallswinkel beim Aufdampfen	O
Tempern	G, I, S

[a] K: Keimbildung und Kristallart, V: Verunreinigungen, Z: Zusammensetzung, O: Orientierung der Kristallite, G: Korngröße, I: innere Spannungen, S: spezifischer Widerstand.

8.3 Herstellungsverfahren

Zur Herstellung von TFT verwendet man zwei Verfahren. Das eine arbeitet, wie in Bild 139 zu sehen ist, mit Aufdampfen durch Masken, hinter denen Metalldrähte aus NiCr mit einem Durchmesser von ca. 37 μm gespannt sind [5]. Der Abstand zwischen Draht und Substratoberfläche beträgt etwa 25 μm. Beim Aufdampfen bil-

8.3 Herstellungsverfahren

den die Drähte einen Schatten, in dem sich keine Schicht niederschlägt. Die schichtfreie Bahn kann schmäler als der Drahtdurchmesser gemacht werden, wenn nach Bild 140 das Substrat zwischen zwei Aufdampfschritten gegenüber der Maske verschoben wird. Elektroden, Gate-Oxid und Halbleiter entstehen durch aufeinanderfolgende Aufdampfschritte in einem einzigen Vakuum. Dadurch werden die Schichten der Atmosphäre nicht ausgesetzt, wodurch sich keine Oxid- oder Schmutzschichten bilden können. Das Gate-Oxid entsteht durch reaktives Aufdampfen. Das verdampfte Material kann an den Drähten abprallen und zu störenden Niederschlägen führen. Dieses "Spritzen" von Material tritt mit abnehmender Stärke bei Cu, Ag, Au und Al auf und kann bei letzterem durch eine Aufdampfrate von nicht mehr als 300 nm/min genügend klein gehalten werden. Nach etwa 10 Aufdampfschritten müssen die Masken gereinigt werden, was für eine Fertigung ungünstig ist.

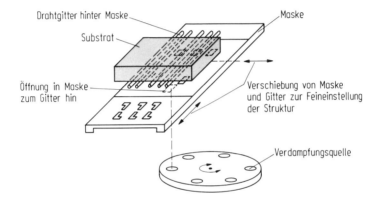

Bild 139. Aufdampfen durch Masken und Drahtgitter hindurch (nach [5]).

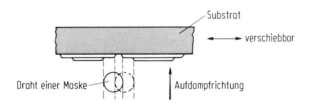

Bild 140. Aufdampfen von Bahnen, deren Breite kleiner als der Durchmesser des Maskendrahtes ist (nach [5]).

Diesen Nachteil vermeidet das zweite Verfahren [129], das mit ganzflächigem Aufdampfen, Photolack- und Ätztechnik arbeitet. Die einzelnen Schritte des Verfahrens sind in Bild 141 dargestellt. Das Gate-Oxid wird durch anodische Oxidation erzeugt, was zu einem stabileren Dielektrikum mit weniger Poren als bei reaktivem Aufdampfen führt.

Eine interessante Anwendung für TFT ist die Ansteuerung von optischen Anzeigen [130 bis 132].

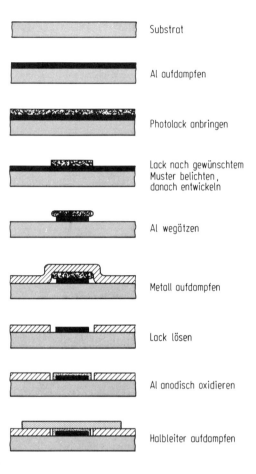

Bild 141. Die Schritte bei der Herstellung von Dünnschichttransistoren mit Photolithographie und Ätztechnik (nach [129]). 1: Substrat; 2: Al aufdampfen; 3: ... usw.

Literaturverzeichnis

Bücher über Dickschichttechnik

Du Pont Comp., Product Literature.

Du Pont Comp., Thick Film Microcircuitry Handbook, Vol. I, II.

Harper, C.A.: Handbook of Thick Film Hybrid Microelectronics. New York: Mc Graw Hill 1974.

Topfer, M.L.: Thick Film Microelectronics. Princeton: van Nostrand 1971.

Miller, L.F.: Thick Film Technology and Chip Joining. New York: Gordon and Breach 1972.

Bücher über Dünnschichttechnik

Niedermayer, R.; Mayer, H.: Grundprobleme der Physik dünner Schichten. Göttingen: Vandenhoek & Rupprecht 1966.

Doyle, J.M.: Thin Film and Semiconductor Integrated Circuitry. New York: Mc Graw Hill 1966.

Berry, R.W.; Hall, P.M.; Harris, M.T.: Thin Film Technology. Princeton: van Nostrand 1968.

Chopra, K.L.: Thin Film Phenomena. New York: Mc Graw Hill 1969.

Maissel, L.I.; Glang, R.: Handbook of Thin Film Technology. New York: Mc Graw Hill 1970.

Holland, L.: Vacuum Deposition of Thin Films. London: Chapman & Hall 1970.

Heavens, O.S.: Thin Film Physics. London: Methuen & Co. 1970.

John, W.: Grundlagen der Technologie von Dünnschichtschaltungen, NTF Band 38. Düsseldorf: VDE-Verlag 1970.

Hass, G.: Physics of Thin Films. London: Academic Press 1973.

Bücher über Mikroelektronik

Lewicki, A.: Einführung in die Mikroelektronik. München: Oldenbourg 1966.

Fogiel, M.: Microelectronics. New York: Research and Education Ass. 1969.

Delfs, H.: Hybridschaltungen. Stuttgart: Berliner Union 1973.

Motorola Series: Integrated Circuits. New York: Mc Graw Hill 1965.

Literatur, auf die im Text Bezug genommen wird.

1 Integrated Circuits, Motorola Series in Solid-State Electronics. New York: Mc Graw Hill 1965.

2 Berry, R.W.; Hall, P.M.; Harris, M.T.: Thin Film Technology. Princeton: van Nostrand 1968.

3 Lewicki, A.: Einführung in die Mikroelektronik. München: Oldenbourg 1966.

4 Delfs, H.: Hybridschaltungen. Stuttgart: Berliner Union 1973.

5 Weimer, P.K.: The insulated-gate thin-film transistor. Physics of Thin Films 2 (1964).

6 Caulton, M.: Film Technology in Microwave Integrated Circuits. Proc. IEEE 59 (1971), Nr. 10.

7 Toussaint, H.N.; Hoffmann, R.: Integrierte Mikrowellenschaltungen, Stand und Tendenzen der Entwicklung. Freq. 25 (1971), S. 100-110.

8 Aramanti, V.S.; Bitler, J.S.; Pfahnl, A.; Huflett, C.C.: Thin Film Microwave Integrated Circuits. IEEE Trans. on Parts, Hybrids and Packaging, Dec. 1976.

9 Du Pont Comp.: Thick Film Microcircuitry Handbook I. II.

10 Conduction Mechanics in Thick Film Microcircuits. Semi-Annual Techn. Report, ARPA Order No. 1001/192, Purdue Res, Found.

11 Maissel, L.I.; Glang, R.: Handbook of Thin Film Technology. New York: Mc Graw Hill 1970.

12 Duffek, E.F.; Armstrong, E.: Printed Circuits Handbook. New York: Mc Graw Hill 1967.

13 Topfer, M.L.: Thick Film Microelectronics. Princeton: van Nostrand 1971.

14 Simoni, K.: Theoretische Elektrotechnik. Berlin: Verlag Technik 1971.

15 Küpfmüller, K.: Einführung in die theoretische Elektrotechnik. Berlin: Springer-Verlag 1968.

16 Van der Ziel: Noise. Englewood Cliffs: Prentice Hall 1970.

17 DIN-Blatt 44049, Mai 1969.

18 Zinke/Brunswig: Lehrbuch der Hochfrequenztechnik. Berlin: Springer-Verlag 1965.

19 Renz, H.W.: Tunable distributed RC-networks in thin film technology. Intern. Symp. on Thin Film Technology. Stuttgart 1974.

20 Renz, H.W.: Entwurf und Herstellung miniaturisierter Filter mit RC-Leitungen in Dünnschichttechnik. Diss. Univ. Stuttgart 1977.

21 Dörre, E.: Keramische Werkstoffe aus Al-Oxid-Basis und ihre Anwendungen. VDI-Ber. Nr. 174 (1971), S. 19-28.

22 Krems, M.; Schmid, W.: Substratmaterialien für integrierte Mikrowellenschaltungen. Freq. 25 (1971).

23 Ulmer, W.: Schneiden, Ritzen und Trimmen mit dem CO_2-Laser. Inst. f. Plasmaforsch., Univ. Stuttgart 1971.

24 Fa. Klimsch & Co.: Reproduction von Zeichnungen und Karten für Industrie und Kartographie.

25 Agfa-Gevaert: Grundbegriffe und Fachausdrücke der Sensitometrie.

26 Kodak: Technische Daten der Kodak-Filme, Platten und Papiere für die Reprotechnik.

27 Gerthsen/Kneser: Physik. Berlin: Springer-Verlag 1971.

28 Mittal, K.L.: Adhesion Measurement of Thin Films. Electrocomp. Sci. and Techn. 3 (1976) pp. 21-48.

29 Short, O.A.: Conductor Compositions for fine line printing. Proc. ISHM Symp. 1967, pp. 145-155.

30 Miller, L.F.: Glaze Resistor Preparation. Proc. El. Comp. Conf. 1970, pp. 92-101.

31 Hoffman, L.C.: Precision Glaze Resistors. Am. Cer. Soc. Bull. 42 (1963) No. 9.

32 Davis, E.M. et al.: Solid Logic Technology versatile high performance microelectronics. IBM-J. Res. and Dev. 8 (1964), No. 2.

33 Hoffman, L.C.; Popowich, M.I.: Some Important Process and Performance Characteristics of "Birox" Thick Film Resistor Compositions.

34 Kummer, F.: Dickschichtwiderstände - Chemische Grundlagen und Wechselwirkungen mit dem Substrat. Hamburg: Proc. ISHM-Tagung 1975.

35 Cox, J.J.; Hoffman, L.C.: Screen printed high Q dielectrics. Proc. El. Comp. Conf. 1968.

36 Stein, S.J.: New dielectric glazes for Crossover and multilayer screened circuitry. Proc. ISHM Symp. 1967, pp. 151-162.

37 Hoffman, L.C.: Crystallizable dielectrics. Proc. ISHM Symp. 1968, pp. 111-118.

38 Kallfaß, T.: Temperaturkompensierte RC-aktive Schaltungen in Dickschichttechnik. Freq. 29 (1975), S. 147-151.

39 Stein, S.J.: Thick Film Materials for Electro-Optical Applications. Proc. El. Comp. Conf. 1972.

40 Stein, S.J.; Huang, C.: Screen Printing Techniques for Economical Fabrications of Digital Displays. Proc. Soc. for Inform. Display, Int. Symp. New York, May 1973.

41 Roe, D.W.: Recent Developments in Thick Film Materials. Proc. ISHM-Nordic Conf., Oslo, May 1973.

42 Guthrie, A.; Wakerling, R.K.: Vacuum Equipment and Techniques. New York: Mc Graw Hill 1949.

43 Fa. Leybold-Heraeus: Berechnungsgrundlagen für die Vakuumtechnik.

44 Holland, L.: Vacuum Depositions of Thin Films. New York: Mc Graw Hill 1970.

45 Bogenschütz, A.F.: Fotolacktechnik. Saulgau: Leuze-Verlag 1975.

46 Fa. Balzers: Quadrupol Massenspektrometer QMG 111.

47 Holland, L.: Vacuum Deposition of Thin Films. London: Chapman and Hall 1963.

48 Fa. Rank Taylor Hobson, Leicester: Talysurf 10, Operator's Handbook.

49 Fa. Leitz: Leitz Auflicht-Interferenzmikroskop.

50 Munt, H.: Technologie und Fertigung von Dünnfilmschaltungen. Siemens Bauteile-Inf. 9 (1971), Nr. 1.

51 Krüger, G.: Application of Thin Films in Commercial Electronics. Thin Solid Films 12 (1972), pp. 335-339.

52 Kaiser, B.: Ein optimiertes Herstellungs- und Abgleichverfahren für hybride Dünnschichtschaltungen. Diss. Univers. Stuttgart 1977.

53 Kallfaß, T.: Improvement of adhesion, line definition and contact resistance by sputter etching. Int. Conf. on Thin- and Thick-Film Tech., Augsburg, Sept. 1977.

54 Edmond, M.: Siliziumoxid- und Chromnickelschichten für Dünnfilmschaltungen. Siemens Bauteile-Inf. 9 (1971), Nr. 1.

55 Ahern, J.: Stability of Ni-Cr-Thin Film Resistors. Int. Microel. Symp., Sept. 1971.

56 Mayer, G.; Honska, K.H.: SiO-Capacitors for high frequency thin film circuits. Int. Symp. on Thin Film Techn., Stuttgart 1974.

57 Fa. Siemens AG: Dünnschichtschaltungen für künftige Elektronikgenerationen, Teil II - Aufdampftechnik. BMFT-Forschungsbericht T 76-21.

58 Drumheller, C.E.: Silicon Monoxide Evaporation Techniques. Trans. 7th Nat. Vac. Symp., New York 1960.

59a Gawehn, H.: On a new cathode sputtering process. Ang. Phys. 14 (1962), S. 458.

59b Kausche, H.: DAS 1515311 vom 26.4.1965.

60 Aronson, A.J.: Magnetron Sputtering using the moving deposition mode. Int. Conf. on Thin- and Thick-Film Techn., Augsburg, Sept. 1977.

61a Vossen, J.L.; O'Neill, J.J.: RF-Sputtering Processes. RCA Rev. 18 (1968), pp. 148.

61b Ricker, Th.; Schwing, C.: Thin Film Structures with a gap width comparable to the Film Thickness fabricated by Sputter Etching, Proc. Int. Symp. on Thin-Film Techn. Stuttgart 1974 (und Solid State Techn. Oct. 1974).

62 Schwartz, N.; Berry, R.W.: Thin Film Components and Circuits. Phys. of Thin Films 2 (1964), pp. 363-425.

63 Mc Lean, D.A. et al.: Ta-Film Technology. Proc. IEEE 52 (1964), pp. 1450-1462.

64 Feinstein, L.G.; Huttermann, R.D.: Factors Controlling the Structure of Sputtered Ta-Films. Thin Solid Films 16 (1973), pp. 129-145.

65 Schauer, A.; Roschy, M.: RF-Sputtered β-Ta and B.C.C. Ta-Films, Thin Solid Films 12 (1972), pp. 313-317.

66 Sato. A. et al.: Ta-Nitride Thin Film Resistors with low TCR. Proc. El. Comp. Conf. 1970.

67 Werner, J.K.; Worobee, W.: Performance of Reactively Sputtered Ta-Oxinitride Thin Film Resistors. Proc. El. Comp. Conf. 1972.

68 Heywang, H.; Schauer, A.: State of the art of thin film components. Electro-Comp. Sc. and Techn. 2 (1975), Nor. 1.

69 Waterhouse, N.: Electrical Conduction in Nitrogen-doped Ta-Films. Proc. El. Comp. Conf. 1972.

70 Baeger, H.: Herstellung von temperaturkompensierten Ta-Dünnschicht-Widerständen und Kondensatoren aus einer einzigen Schicht mit definiertem Gaseinbau. Diss. Univ. Stuttgart 1977.

71 Anders, W.: Die Eigenschaften von Ta-Dünnfilm-Kondensatoren bei unterschiedlicher N-Dotierung in Abhängigkeit von Frequenz und Gleichspannung. Freq. 29 (1975), S. 133.

72 Huebner, R.H.: Thermoelectricity in Metals and Alloys. Solid State Phys. 27 (1972), pp. 63-123.

73 Trudel, M.L.: Determination of the Relative Nitrogen Doping Level of Ta-Nitride Resistor Film by means of the Seebeck Effect. IEEE Proc. on Parts, Hybrids and Packaging, PHP-8 (1972), No. 3.

74 Schauer, A.; Roschy, M.: Cosputtered Aluminium rich AlTa Alloy Films. Proc. El. Comp. Conf. 1973.

75 Duckworth, R.G.: Ta Thin Film Resistors. Thin Solid Films 11 (1971), pp. 337-353.

Literaturverzeichnis

76 Duckworth, R.G.: Conditions for the Routine Preparation of TaAl-Films. 26 (1975), pp. 77-98.

77 Huber, F.; Jaffe, D.: High Stability cosputtered Ta-50 at % Al Alloy Film Resistors. Proc. El. Comp. Conf. 1971.

78 Steidel, C.A.; Gerstenberg, D.: Component Properties of Co-Sputtered Ta-Al Alloy Films. Proc. El. Comp. Conf. 1969.

79 Kallfaß, T.: TaAl-Schichten mit N- und O-Dotierung; ISHM-Dünnschicht-Tagung, München, Juni 1975.

80a Fa. Siemens AG: Dünnschichtschaltungen für künftige Elektronikgenerationen, Teil 1: Grundlagen und Aufstäubtechnik. BMFT-Forschungsbericht T 76-20, 1976.

80b Schauer, A.; Roschy, M.; Juergens, W.: Dielectric Properties of Anodized Al-Ta-Alloy Films with high Al content. Thin Solid Films 27 (1975), pp. 111-121.

81 Pötzlberger, H.W.: Thin Film Integrated RC-Networks with Compensated Temperature Coefficients of R and C. Proc. ISHM-Europ. Hybr. Microel. Conf. Bad Homburg, 1977.

82 Gerstenberg, D.: Properties of Anodic Films Formed on Reactively Sputtered Ta. J. Electrochem. Soc. 113 (1966), pp. 542-547.

83 Pulfrey, D.L. et al.: Dielectric Properties of Ta_2O_5 Thin Films. J. Appl. Phys. 40 (1969), No. 10.

84 Matsumoto, T.; Sugita, E.: Properties and Reliability of Ta-Oxide Thin Film Capacitors. Rev. El. Comp. Labs. 23 (1975), No. 3-4.

85 Schoen, J.M. et al.: The Correlation between Temperature Coefficient of Capacitance and Dielectric Loss in Ta and TaAl Anodic Oxides. J. Electrochem. Soc. 119 (1972), No. 9.

86 Simmons, R.T.; et al.: Properties of Anodic Oxide Layers Formed on N-Containing Ta-Films. Thin Solid Films 23 (1974), pp. 75-87.

87 Nakamura, M.; Yamazaki, J.; Nishimura, Y.: Reliability of Ta-Thin Film Capacitors. Rep. Components Lab., Fujitsu Labs., Japan.

88 Riekeles, R.: Ta-Dünnschichtkondensatoren mit verbesserten Eigenschaften. Diss. Univ. Stuttgart 1977.

89 Ditteti, R.C.; Worobey, W.: Low Density Ta Thin Film Capacitors with an Al-underlay. Proc. El. Comp. Conf. 1971.

90 Mc Lean, D.A.; Rosztoczy, F.E.: Use of Manganese Oxide Counterelectrodes in Thin Film Capacitors. The TMM Capacitor. Electrochem. Techn. 4 (1966), No. 11-12.

91 Yamazaki, J. et al.: Reliability of Ta-Thin Film Cpacitors with MnO_2-Layer. Fujitsu Sci. and Techn. J., Sept. 1973, p. 111.

92 Valletta, R.M.; Pliskin, W.A.: Preparation and Characterization of Mn-Oxide Thin Films. J. Electrochem. Soc. 114 (1967), No. 9.

93 Parisi, G.I.: Use of Lead Dioxide Counterelectrodes in Thin Film Capacitors. The TLM Capacitor. Proc. El. Comp. Conf. 1972.

94 Yamazaki, J. et al.: High Density Thin Film Hybrid IC Utilizing Ta-Al-N Resistors and Ta_2O_5-MnO_2 Capacitors. Proc. El. Comp. Conf. 1974.

95 Behrisch, R. et al.: Analysis of Surface Layers by Light Ion Backscattering and Sputtering combined with Auger Electron Spectroscopy. Thin Folid Films 19 (1973), pp. 57-67.

96 Ziegler, I.F.; Chu, W.K.: Energy Loss and Backscattering of He-Ions in Matter. IBM Research, March 29 (1973), RC 4288.

97 Langley, R.A.; Sharp, D.J.: Ion Backscattering Study of Ta-Nitride Thin Film Resistors. J. Vac. Sci. Techn. 12 (1975), No. 1.

98 Eichinger, P.; Pabst, W.: Physical Characterization of Thin Films with Energetic Beams of Light Ions. Proc. Int. Conf. on Thick- and Thin-Film Techn., Augsburg 1977.

99 Müller, R.O.: Spektrochemische Analysen mit Röntgenfluoreszenz. München: Oldenbourg 1967.

100 Mc Hugh, J.A.: Methods of Surface Analysis; Editors S.P. Wolsky and A.W. Gzanderns. Amsterdam: Elsevier 1975.

101 Keulemans, A.I.M.: Gas-Chromatographie, Weinheim: Verlag Chemie 1959.

102 Read, M.H.: X-Ray Analysis of Sputtered Films of β-Ta and BCC-Ta. Thin Solid Films 10 (1972), pp. 123-135.

103 Terao, N.: Structure of Ta-Nitride. Jap. J. Appl. Phys. 10 (1971), No. 2.

104 Fa. Kodak: Anwendungsdaten für Kodak Photo Resists.

105 Bersin, R.L.: A survey on Plasma etching Processes. Solid State Techn., May 1976, p. 31.

106 Roth, E.: Praktische Galvanotechnik. Saulgau: Leuze Verlag 1970.

107 Benninghoff, H.: Praktische Galvanotechnik. Saulgau: Leuze Verlag 1970.

108 Machu: Moderne Galvanotechnik. Weinheim: Verlag Chemie GmbH.

109 van Nie, A.G.: Capabilities of Electroless NiP Processes for Producing Microwave Integrated Circuits. Int. Symp. on Thin Film Techn., Stuttgart 1974.

110 Ruge, I.: Halbleiter-Technologie. Berlin: Springer-Verlag 1975.

111 Pachonik, H.: Erzeugung dünner glimmpolimerisierter Schichten. Thin Solid Films 38 (1976), p. 171.

112 Pachonik, H.; Seebacher, G.: Eigenschaften dünner glimmpolimerisierter Schichten. Thin Solid Films 38 (1976), pp. 343-352.

113 Smyth, D.M. et al.: Heat Treatment of Anodic Oxide Films on Ta. J. Electrochem. Soc. 110 (1963), No. 12; 111 (1963), No. 12.

114 Worobey, W.; Rutkiewicz, J.: Ta-Thin RC Circuits Technology for an Universal Active Filter. IEEE Trans. on Parts, Hybrids and Packg. PHP-12 (1976), No. 4.

115 Steidel, C.A.: Thermal Oxidation of Sputtered Ta-Thin Films between 100 and 525°C. J. Appl. Phys. 40 (1969), No. 9.

116 Lüpfert: Metallische Werkstoffe. München: Oldenbourg Verlag 1966.

117 Archey, W.B.: Hot Gas Soldering. Proc. IEEE, Dec. 1964, p. 1657.

118 Moore, R.P. et al.: Reliability of Face-Down Bonded Chips Electr. Pack. and Prod., May 1968.

119 Mallery, P.: Thermal Pulse Bonding of Beam Leads. Proc. IEEE Comp. Conf. 1967.

120 Moore, R.P.: An Evaluation Study of Ultrasonic Face Bonding. Proc. IEEE Comp. Conf. 1966.

121 Wollmann, L.R.: Kleben von Mikroelektronik-Bauteilen mit Epoxyharzen. Elektronik 1973, Nr. 7, S. 264.

122 Ilgenfritz, R.W. et al.: Parallel-Seam Weld-Sealing of Large Multilayer Ceramic Packages. Proc. El. Comp. Conf. 1972.

123 Headly, R.C.: Laser Trimming is an Art that must be learned. Electronics, June 21, 1973.

Literaturverzeichnis

124 Unger, B.A.; Cohen, M.I.: Laser Trimming of Thin Film Resistors. Proc. El. Comp. Conf. 1968.

125 Kummer, F.: Thermal Expansion and Laser Trim Stability of Ru-based Thick Film Resistors; Int. Conf. on Thin- and Thick-Film Techn., Augsburg Sept. 1977.

126 Müller, R.: Bauelemente der Halbleiterelektronik. Berlin: Springer-Verlag 1973.

127 Anderson, I.C.: Applications of thin films in Microelectronics. Thin Solid Films 12 (1972), pp. 1-15.

128 Firth, M.J.; Anderson, J.C.: Life Tests on CdSe Thin Film Transistors. Thin Solid Films 28 (1972), No. 2.

129 de Graaff, H.C.; Koelmans, H.: Der Dünnschichttransistor. Philips Techn. Rdsch. 27 (1966), Nr. 5-6.

130 Fischer, A.G.: Thin Film Applications in Flat Image Display Panels. Thin Solid Films 36 (1976), pp. 469-474.

131 Brody, T.P.: Large Scale Integration for Display Screens. IEEE Trans. Consumer Electr. CE-21, p. 260.

132 Greeneich, E.W.: Thin-Film Video Scanner and Driver Circuit for Solid-State Flat Panel Displays. Rec. of Biennial Display Conf. Oct. 1976.

Sachverzeichnis

Abscheidung aus der Gasphase 6
Abscheidverfahren 110
Absorption 67
Absorptionsvermögen 30
Adhäsion 128
Ätzbad 107
Ätzbare Pasten 45
Ätzen, selektiv 6, 121
Ätzmittel 28, 107
-, Flußsäure 28
-, Natronlauge 28, 96, 97, 104
-, Salpetersäure 28
Ätzrate 28, 96, 110
Ätzstopschicht 28, 121
Ätztechnik 53, 75, 105, 143, 144
Ätztiefe 107
Ätzwirkung 110
Ätzzeit 107
Aktivierungsenergie der Diffusion 114
Alterung 89, 96, 115, 116, 117, 118, 119
Aluminium 68, 73, 74, 81, 95, 97, 98, 99, 108, 121, 122, 123, 140, 143
-, Keramik 4, 29, 96, 140
-, Oxid 87, 95, 97, 140
Aluminiumoxid-Schicht 73
Aluminiumschicht 102
Ammoniumpentaborat 104
Analyse von Schichten 105
Anodisation 7, 98, 99, 103, 104, 133

Anodische Oxidation 97, 100, 140, 143
Anpassungsnetzwerk 85
Ansteuerung von optischen Anzeigen 144
Anzeigeeinheiten 51
Argon 75
- Atome 81
- Druck 95
- Ionen 75, 76, 81, 83, 84
- Ionen-Bombardement 76, 78, 81
α-Tantal 16
α^*-Tantal 17
Atomprozent 81
Aufdampfanlage, Prinzip 65
Aufdampfen von Schichten 6, 64, 105, 110, 111, 142
---, Al-Keramik 64
---, Be-Keramik 64
---, durch Drahtgitter 143
---, durch Masken 75, 143
---, Induktionsheizung 64
---, Schichtdicke 68, 70, 71
---, Schiffchen 64, 65
---, Schiffchen aus Isolator 64
---, Schiffchen, widerstandsbeheizt 64
---, Tiegel 64
---, Verdampfungsquelle 64
Aufdampfgeschwindigkeit 75
Aufdampf-Parameter 140
- -Rate 71
- -Schnitte 143

Sachverzeichnis

– –Verfahren 53
Aufschleudern von Photolack 106
Aufsprühen von Schichten 6, 106, 112
Aufstäuben von Schichten 6, 16, 71, 75, 80, 87, 110
Aufstäubrate 71
Aufwalzen von Photolackschichten
Ausbeute bei C-Herstellung 107
Ausdehnungskoeffizient, 27
–, Aluminium 27
–, Dielektrische Pasten 27
–, Gold 27
–, Kupfer 27
–, Platin 27
–, Tantal 27
–, thermischer 27
Ausgasen 61
Ausheizen im Vakuum 68
Auskristallisation 112, 118
Außendruck 54
Azeton 107

Baffle 58
Bandwiderstand, Länge 12
Barium-Titanat-Keramik 48
Baumé 110
Bauteile-Abgleich 132
Beimengung von Metallen 95
Belichtung von Photolack 107
Bell-Verfahren 120
Beständigkeit von Aluminium 99
– von Tantal 99
Bewegungsenergie der Ionen 79
Bias-Sputtern 81, 82
Bindungskräfte, chemische 67
Bleidioxid 102, 110
Blei-Indium-Lot 45
Blende 78
Blockkondensatoren 6, 48
Boltzmann-Konstante 19, 54, 114

Bonden 7, 44, 126, 120, 130
Brennofen 40
–, Klimazonen 40
Brenntemperatur 45
–, Widerstandsänderung 51
β-Tantal 15, 16, 17, 89, 91, 100, 101, 102, 103, 118, 121
β-Tantal Kondensator 120
–, Temperaturkoeffizient 118
–, Verlustfaktor 118

Cadmiumselenid 140, 141, 142
Cadmiumselenid-Kennlinienfeld 140, 141
– Transistor 140, 141
Cadmiumsulfid 140
Cadmiumtellurid 140
Chemical Vapor Deposition CVD 112
Chemische Abscheidung 112
Chip-Kondensatoren 3
Chrom 68, 73, 108
Chromhaftschicht 73
Chromunterlage 67
Cofiring 34, 45
Corning-Glas 29, 73, 74, 140

Dampfdruck 63, 66
– von Öl 59
– von Stoffen 67
Dampftrocknung 30
Deckelektrode 74, 102
Depletion 137
Dichtegradient 113
Dickenmessung, mechanische 71
Dickschicht-Pasten 51
Dickschichtschaltungen, Herstellung 5, 120
Dickschichttechnik 32, 107
Dickschichtwiderstand 5, 18, 19
–, Abgleich 132

-, Abgleich durch Standstrahlen 132
-, Querschnitt 6
Dielektrikum 68, 74, 89, 96, 98, 100, 103, 113, 121, 132, 134, 141, 143
-, Einschlüsse 102
-, Fehlstelle 102
-, Herstellung 97
-, Löcher 104
-, Risse im 102
-, Spannungsfestigkeit 100
-, Temperaturkoeffizient 89
Dielektrische Pasten 6, 47, 51
--, Barium-Titanat-Keramik 48
--, Crossover 48
--, Dielektrikum 47, 48
--, Durchbruchspannung 48
--, Einstellbarer TKC 49
--, Flächenkapazität 47, 48
--, HDK-Paste 47
--, Isolationswiderstand 47
--, Leitungsüberkreuzung 48
--, Löcherfreier Druck 48
--, Mehrschichtkondensator 48
--, NDK-Paste 47, 48
--, NPO-Paste 47, 48
--, relative Dielektrizitätskonstante 47
--, Staubfreiheit 48
--, Thermische Instabilität 48
--, Thermischer Ausdehnungskoeffizient 47
--, Verlustfaktor 47, 48
--, Zweischichtkondensator 48
--, Zwischentrocknen 48
Dielektrische Schicht 34, 89, 97
- Verluste 20, 21
Dielektrizitätskonstante, absolute 20
-, relative 20, 91, 97
Diffusion 112, 113, 118
- von Sauerstoff 141
Diffusionskonstante 113

Diffusionsvorgang 141
Diodensputteranlage 75
-, Anode 75
-, Aufbau 76
-, Kathode 75
Dissoziation 111, 112
Dotierung 16, 140
Drain-Source-Spannung 134
Drain-Strom 134, 140
Druckabhängigkeit 61
Druckeinheiten 53
-, Atmosphäre 53
-, bar 53
-, Pascal 53
-, Torr 53
-, Umrechnung 53
Druckmeßgeräte 61
Druckmessung 61
- nach Pirani 61
- nach Pirani, Eichung 61
Dual-In-Line-Fassung 7
Dünnschicht-Kondensator 3, 22, 25, 100
-, Bauformen 22
-, Flächenkapazität 7
-, polar 100
-, Siliziumoxid 7
Dünnschichtschaltung, Herstellung 120
Dünnschichttechnik 39, 53, 64, 76
-, Ätzmittel 107
Dünnschichttransistor 3, 133, 134
-, Akzeptor 140, 141
-, Drain 134, 140
-, Drift 140, 141
-, Durchlaßwiderstand 138, 142
-, Dynamischer Leitwert 138
-, Einkristall 142
-, Gate 140
-, Gate-Dielektrikum 140
-, Gate-Strom 139
-, Geschichteter Aufbau 134

Sachverzeichnis

-, Gleichstromleitwert 138
-, Koplanarer Aufbau 134
-, Löcher 140
-, Potentialschwelle 141
-, Prinzipieller Aufbau 135
-, Source 140
-, Sperrwiderstand 138, 142
-, Steilheit 138
-, Stromverstärkung 139
-, Verstärkungsbandbreite-Produkt 140
-, Wechselstrom-Ersatzschaltbild 138
Dünnschichtwiderstände 7, 18, 19, 133
-, Leiterbahnen 7
-, Mäander 7
-, Temperung 7
Dunkelräume 78
Durchbruchfestigkeit, Kondensator 100
Durchbruchspannung 49, 100, 102, 103
Durchflußleistung 53, 54, 92
Dynamische Viskosität 41

Edelmetalle in Pasten 45
Einbau von Fremdatomen 87
- von Sauerstoff 90, 96, 97
- von Stickstoff 91, 93, 96, 97
Einkapselung von Schaltungen 7
Einlaßventil 92
Einschichtverfahren 90, 120, 123
-, Kondensator Polarität 103
-, - Verlustfaktor 103
Eisen 109
Eisen-Nickel-Bor 73, 123
Elastomere 64
Elektrolyse 98
Elektrolysebad 97, 111
Elektrolyt 97, 99
Elektrolytische Abscheidung 110, 111
Elektrolytisches Verstärken 111

Elektromigration 44
Elektronenstrahl 65
- Kanone 66
Enddruck 59
Energie der Gasionen 79
Entfernung des Positivlacks 107
Entwickeln von Filmen 107
Epoxy-Harz 130, 131
Eutektischer Punkt 126
Evakuierung 56, 75
- durch Diffusionspumpe 58
Extran 29

Face-Down-Montage 128
Feldeffekttransistor 134
Feldstärke im Dielektrikum 99
- im Elektrolyten 99
Feldverdichtung 82
Fensterglas 28, 29
Ferritpulver 51
Ferromagnetische Paste 51
Fertigungsprozeß 50
feste Phase (Material) 66
Ficksches Gesetz 113
Filmherstellung 107
Flachspulen, spiralförmig 4, 23
Flächenbedarf für Widerstände 11
flächenhafte Quelle zur Verdampfung 70, 71
Flächenkapazität 20, 91, 99, 100, 101, 102, 103, 105
Flächenwiderstand 8, 91, 112
-, Dickschicht 9, 44
-, Dünnschicht 9
Flashverdampfung 73
Flow-Box 107
flüssige Phase (Material) 66
Flüssigkristalle 50
Fluor 107
Flußmittel 44

Fokussierung 65
Folien 29
Formierspannung 91, 99, 100, 102
Formierstromdichte 100
Formierung 100
freie Weglänge 66, 80, 141
Freon 107, 110
Frigen 30

Galvanische Abscheidung 6
- Verstärkung 73, 111
Gasatom 84
Gaschromatographie 105
Gasdruck 53, 61, 80
- in der Sputterkammer 79
Gasentladung 51, 75
Gasentladungsstrecke 50
Gasgemisch 53, 62
Gasionen 79, 80
Gasioneneinbau 82
Gasmoleküle 53, 59
Gasphase 66, 112
Gasrückstrom 59
Gasstrecke 77, 86
Gasstrom 53, 92, 110
Gaszusatz beim Sputtern 95
Gate 134, 140
Gate, isoliertes 134
- -Kapazität 136
- -Oxid 134, 140, 141, 143
Germanium 140
Gesetz für ideale Gase 53
Getterung 101
Gitterstruktur 16, 82, 105
Glas 50, 110, 128, 131
Glasfritte 18, 45
Glaspaste 50, 51
Glassubstrate 4
Gleichspannungsanlage 87
- Sputron II 88

Gleichstrom-Sputtern 95
Glimmentladung 77, 110
Glimmlicht, negativ 77, 78
Glimmzone 77
Gold 51, 68, 73, 108, 110, 111, 123, 131, 143
Gold-Deckelektrode 100
- -Legierung 127
- -Paste 45
- -Ring als Dichtung 64
Grenzflächenspannung 46
Grundgesetze für Gase 53

Hafniumoxid 97
Hafteigenschaft 67
Haftfestigkeit 42, 44, 68, 73, 87, 89
-, Abreißtest 42
-, Klebstreifentest 42
-, Schältest 42
-, Schertest 42, 44
Haftkräfte 67, 73
Haftschicht 67, 68
Haftvermögen 67, 73
Halbleiteraufdampfung 142
Halbleiter-Anreicherungstyp 138, 140
Halbleiterkondensatoren 2
-, Durchbruchspannung 2
-, Eigenschaften 2
-, Flächenkapazität 2
-, Herstelltoleranz 2
-, Temperaturkoeffizient 2
-, Verlustfaktor 2
Halbleiter-Verarmungstyp 137, 140
Halbleiterschaltung 131
Halbleitertechnik 73, 110, 143
Halbleiterwiderstände 2
-, Eigenschaften 2
-, Flächenwiderstand 2
-, Herstelltoleranz 2
-, Temperaturkoeffizient 2

Sachverzeichnis

Halogen bei Lecksuche 64
Halogensilberkörner 38
HDK-Paste 47, 48
-, Temperaturabhängigkeit 48
Helium bei Lecksuche 64
hermetisches Versiegeln 73
Herstellung von Strukturen 105
High-Resolution-Plates 38
Hochfrequenzschaltungen 29
Hochfrequenz-Sputteranlage 82, 83, 87, 95
-, Leistungsanpassung 85
Hochfrequenz Transistor 140
Hochvakuum 121
Hochvakuumpumpe 57
Hybridierung 3, 7
Hygroskopie von Lacken 107
Hysterese der Viskosität 41

Indiumarsenid 140
Induktivität 23
Induzierte Kernreaktion 105
Influenz 134
Influenzladung 138
Interferenzmikroskop 72
-, Rasterbild 72
Intensität bei Belichtung 37
Ionen
-, Bewegungsenergie 79
-, Bindung 126
-, Diffusion 98
-, Einfallsrichtung 80
-, Energieschwelle 79
Ionenbombardement 62
Ionenkollektor 62
Ionenstrom 62, 80, 81
Ionenwanderung 44
Ionisation 83, 86, 87
Ionisationsmanometer 61
- nach Bayard-Alpert 61, 62

Ionisationsraum 86
Isolator 82, 83, 89, 102

Kaliumgoldcyanid 111
Kaltkathode 62
Kapazität 20
Katalysator 111
Kathode 111
Kathoden-Glimmraum 77
Kathoden-Material 76
Keimbildung 142
Keramiksubstrat 28
Kleber 7, 128, 130
- als Dichtungsmittel 130
-, Aushärtetemperatur 131
-, Eigenschaften 130
-, Füllstoffe 130
-, Haftfestigkeit 131
-, photoempfindlicher 38
Kodak Thin Film Resist 87, 106
Kohlendioxid 88
Kohlendioxid-Laser 30
Kompatible Pasten 47
Kondensatoren 20, 100, 112, 115, 118
-, Abgleich 132
-, β-Tantal 102, 103
-, Durchbruchfestigkeit 100
-, Durchbruchspannung 21, 100
-, Fläche 50
-, Formierung 99
-, Grundelektrode 34
Kondensatoren, Herstellung 49
-, -, Ausbeute 49, 105
-, Leckstrom 21
-, Schichtdicke 99
-, selbstheilend 102
-, Serienwiderstand 21
-, Strom-Spannungs-Kennlinie 100, 103 104
-, Temperaturkoeffizient 91

-, Verlustfaktor 20, 75, 101
Kontaktlöcher 30
Koordinatograph 35
Korndurchmesser 142
Korngrenzen 17, 18, 47, 141
Korngrenzenänderung 112
Korngrenzenverschiebung 118
Korngrößen 27, 45, 142
- in photographischen Filmen 38
Korrosion 44
Kovalente Bindung 126
Kristallart 142
Kristallgitter 12, 13, 67
-, α-Tantal 12, 13, 88
-, Aluminium 13
-, β-Tantal 12, 13, 88
-, Einkristall 12
-, hexagonal 13
-, Korngrenze 12, 13
-, Kristallite 12, 13, 14, 142
-, kubisch flächenzentriert 13
-, kubisch raumzentriert 12, 13
-, Kupfer 13
-, polykristallin 12
-, Tantalnitrid TaN 88
-, - Ta_2N 13, 88
Kristallstruktur 80
Kühlfalle 58, 59, 60
Kugelmühlen 45
Kunststoffolien, flexible 6
Kupfer 13, 66, 68, 73, 74, 107, 143
- als Leitermaterial 73
Kupfer-Eisen-Kuper Schichtfolge 73

Langzeitkonstanz von Schichten 29, 89, 118, 120, 133
Langzeitstabilität 74, 75, 118, 120, 132
Langzeitverhalten 113
Laser 30, 45

- -Abgleich 132
- -Kohlendioxid 30
- -L-Schnitt 132, 133
- -L-Schnitt-Widerstandsänderung 133
- -Wellenlänge 30
- -YAG 30, 132
Layout 6, 32, 35, 36
- -Verkleinerung 107
Leck 54
Leckrate 54
Lecksuche 64
Lecktest 131
LED 51
Legierung 105
Leistungsbelastung, Widerstand 8
Leistungsspektrum 19
Leiter 68, 75, 127
Leiterbahnen 6, 34, 51, 73, 110
Leitermaterial 73, 97
Leiterpasten 6, 51
Leiterpasten-Eigenschaften 44
Leitfähigkeit 18
-, elektrische, Widerstand 6
-, thermische 27, 28, 61
Leitungsband 15
Leitungsmechanismen 12
- in Halbleitern 12
- in Metallen 12
Lichtintensität der Plasmasäule 78
"line"-Film 38
Linienbreite, Dickschicht 44
-, Sputterätzen 87
"lith"-Film 38
Lorentz-Kraft 85
Löten 7, 44, 126
Lötverbindung 44
Lotbarriere 128
Lotlegierung 127
Lotlegierung-Anwendung 127
Lotpaste 50

Sachverzeichnis

-, Blei 50
-, Flußmittel 50
-, Germanium 50
-, Gold 50
-, Reflow 50
-, Zinn 50
Lotperle 128

Magnetische Strahlablenkung 65
Magnetisches Feld 86
Magnetron 81, 86
Magneton-Sputtern 86
Makromolekül 112
Mangandioxid 102, 110
Manometer nach Penning 62
Masken 6
- für Elektroden 34
- für Leiterbhanen 34
- für Lotpasten 34
-, Herstellung 35
-, Material 87
Maskenreinigung 75
Massenspektrogramm 92, 93
Massenspektrometer 61, 62, 64, 92, 105
-, Aufbau 63
-, Wirkungsweise 63
Mathieusche Differentialgleichung 62
Mathiesensche Regel 15
Mehrschichtverfahren 121, 122
Metallbindung 126
Metalldichtung 64
Metallmaske 39
Metalloxide 97, 110, 113
- in Pasten 45
Metallsalze 111
Mischbare dielektrische Pasten 48
---, Flächenkapazität 49
---, Mischungsverhältnis 48
---, Negativer TKC 48

---, Positiver TKC 48
---, Temperaturkoeffizient 49
---, Verlustfaktor 49
Molybdän 64, 109, 110
Molybdänfolie 34, 39
Molybdän-Mangan-Legierung 131
Monochromatisches Licht 72
Mylar-Folie 35

Nachformierung 100
Nadelventil 63, 64
Nailhead Bonden 128
Maßchemische Verfahren 105
Naßchemisches Ätzen 107
NDK-Paste 47, 48
Negativ-Film 38
Negativ-Lack 106, 121, 123
Nichtleiter 76
Nichtleiter-Sputtern 76
Nickel 66, 68, 73, 80, 108, 112
Nickel-Chrom 68, 74, 108
- -Haftschicht 73, 100
- -Legierung 73
- -Unterlage 67
Nickelfolie 34
Nickel-Phosphor-Widerstand 111, 112
Nioboxid 97
n-leitender Halbleiter 134
NPO-Paste 47, 48

Objektebene 35
Objekthöhe 35
Objektiv, Brennweite 36
Öl-Diffusionspumpe 57, 58, 59
Organische Verunreinigung 101
Organischer Ester 106
Oxid 89, 97, 98, 128, 130
Oxidation 7, 73, 89, 97, 102, 103, 113, 123, 133

Oxiddicke 102, 114
Oxidfilm 99
Oxidschichtbeseitigung 87

Palladium 45, 112
- Goldpaste 45
- Silber-Legierung 46
- Silber-Paste 45
Partialdruck 16, 53, 61, 62, 63, 66, 75, 101
Passivierung 99
Pasten 5
- bestandteile 40
-, Diffusion 44
-, Einbrennen 5, 40
-, Ferritmaterial 23
- für Dickschicht 51
- für elektrooptische Anzeigen 50
- für Leitermaterial 34, 44, 45
- für steuerbare Widerstände 61
- für Umhüllungen 50
- für Widerstände 45, 46
-, Gemisch 40
-, Glaspartikel 5
-, Glaspulver 23, 40
-, Korngröße 40
-, Organische Bindemittel 40
-, Organischer Träger 5
-, Rheologische Eigenschaften 40
-, Sintern 6, 40
-, Trocknen 5, 40
-, Viskosität 34, 40
-, Widerstandsmaterial 5
-, Zähigkeit 40
-, Zusätze 40
Permeabilität 23
pH-Bereich 98, 99
Phosphor-Säure 97, 103
Photographischer Film 37
--, Auflösungsvermögen 38

--, Entwicklungszeiten 38
--, Kontrastfaktor 37, 38
--, Schwärzung 37
--, Transparenz 37
Photolack 6, 39, 105, 106, 107, 110, 111, 123, 128, 143
-, Aushärten 107
Photolackkanten 106
Photolackreste 107
Photolackschleuder 106
Photolithographie 6, 39, 53, 75, 105, 144
Pin Holes 106
Pirani-Röhre 61
Plasma 76, 84, 85
-, Eingangswiderstand 85
Plasmaätzen 107, 110
Plasmadisplay 50
Plasmaerzeugung 77
Platin 45, 110
- Gold-Paste 45
- Silber-Paste 45
p-leitende Schicht 134
Plotter 63
Polarität von Kondensatoren 103
Polyester-Folie 35
Polyimid-Folie 4
Polyisopren 106
Polykristalline Schicht 140, 141
Polyvinylcinnamat 106
Positiv-Film 38
Positiv-Lack 106, 107, 123
Potential, elektrisches Feld 76
Punktquelle für Verdampfung 68, 69, 70, 71
Punktschweißen 128, 129

Quantec-Rauschmessung 20
Quecksilber 57
Quecksilberdampflampe 107

Sachverzeichnis

Raster 72
Raumfeuchtigkeit 37
Rauschleistung 19
Rauschquelle 19
Rauschzahl 18, 19
RC-Bauteile 24
RC-Leitungen 4, 5, 24
-, abgleichbar 24
-, Anodisieren 124, 125
-, Ersatzschaltbild 5, 24
-, Herstellungsprozeß 124
-, Kapazitive Ableitungen 4
-, verteilte Ohmwiderstände 4
RC-Schaltung 97
reaktives Aufdampfen 102, 140, 143
- Aufstäuben 102
Reduktionskamera 32, 35, 107
Reflow-Soldering 128
Reinigung von Oberflächen 87
Restgas 66
- Sauerstoff 75
- Stickstoff 75
- Wasserdampf 75
Rezipient 54, 56, 57, 58, 59, 61, 63, 64, 66, 71, 75, 82, 85, 91, 101, 110
Ringentladungsplasma 85
Röntgenbeugung 105
Röntgenfluoreszenz 105
Röntgenstrahlung 62, 105
Rootspumpe 57
Rotationspumpe mit Drehschieber 57
Rotationsviskosimeter 41
Rubilith-Folie 35
Rutheniumoxid 46
Rutherford-Streuung 105
-, α-Teilchen 105

Sättigunskonzentration 113
Salpetersäure 39
Salzsäure 29

Sandstrahlen 1, 132
Sauerstoff 16, 88, 102, 105, 110
-, Dotierung 104
-, Zugabe 88, 103
Saugleistung 53
Saugvermögen 55, 56, 57, 59
-, von Drehschieberpumpe 58
- von Öldiffusionspumpen 59
- von Turbomolekularpumpen 60
Schaltungsabgleich 132
Scharfeinstellung, Kamera 36
Schichtbauteile 3
-, Abmessungen 3
-, Bandwiderstand 7
-, Dielektrikum, Schichtdicke 7
-, Substratgröße 7
-, Widerstand, Schichtdicke 7
-, Widerstandsmäander 7
Schichtdicke 98
Schichtdickenmessung 71
-, spezifisches Gewicht 71
-, Wagen 71
Schichtdickenverteilung 92
Schichten 15
-, aufgedampft 15
-, aufgestäubt 15
-, Haftfestigkeit 28
-, Langzeitstabilität 28
- mit Stickstoffeinbau 88
Schichtfolge bei Leiterbahnen 73
Schichtkondensator 20
-, Ersatzschaltung 20, 21
-, Verlustfaktor 21
Schichtmaterialien 107
Schichtwiderstand 3, 9
-, bandförmiger 3, 34
-, Flächenbedarf 28
-, mäanderförmiger 3
Schiffchen 74
Schmelzpunkt 68
Schutzgas-Atmosphäre 127, 128

Schutzgas-Lötverfahren 131
Schutzschicht aus Glas 131
-, Schwefelsäure 29, 39
-, Schwefelwasserstoff 44
Schwellspannung 140
Seebeckkoeffizient 94
Seebeckquotient 93, 94, 95
-, TKR 93
Sekundärelektronenvervielfacher 63
Sekundär-Ionen-Massenspektrographie 105
Shutter 78
Siebdruckverfahren 5, 23, 32, 41, 130, 131
-, Druckvorgang 42
-, Emulsionsmaske, direkt 38, 39
-, Emulsionsmaske, indirekt 38, 39
-, Folienmaske 33
-, Kontaktdruck 34
-, Kunststoffäden 33, 34
-, Kunststoffsieb 34
-, Masken 32, 38
-, Metallfolie 33, 38
-, Molybdän-Masken 33
-, Nylon-Sieb 33
-, Off-Contact-Druck-Maske 33
-, Off-Contact-Druck-Sieb 33
-, Offene Siebfläche 34
-, Paste 32
-, Polyester-Sieb 33
-, Rakel 32
-, Rakelgeschwindigkeit 42
-, Schichtdicke 34
-, Sieb 32, 34, 38
-, Siebrahmen 33, 34
-, Stahlfäden 33
-, Stahlsieb 34
-, Standzeit von Sieben 34
-, Viskosität beim Druckvorgang 42
Silber 51, 73, 109, 143

Silikon-Preßmasse 131
Silizium 74, 109, 140
Siliziumdioxid 68, 74, 104, 109, 131, 140, 141
Siliziumoxid-Überzug 74
Sonder-Pasten 51
-, Bahnbreite 51
-, Dielektrische Glaspaste 51
-, Ferritpulver 51
-, Ferromagnetische Pasten 51
-, Glas 51
-, Leiterpaste 51
-, Leitungsüberkreuzung 51
-, Perchloräthylen 51
Source 134
Source-Drain-Widerstand 139
Spannungsfestigkeit 102
Spannungskoeffizient 17, 18
Spezifischer Widerstand 8, 15, 68, 91, 142
--, β-Tantal 101
--, Temperaturabhängigkeit dünner Schichten 15
--, -, Metalle 15
Sputterätzen 73, 87
Sputteranlage 88
-, Ringentladungsplasma 86
Sputterausbeute 78, 79
-, Aluminium 80
-, Eisen 80
-, Gold 80
-, Kupfer 79, 80
-, Nickel 79, 80
-, Silber 80
-, Tantal 80
-, Titan 80
-, Wolfram 80
Sputtergas 88
Sputtergeschwindigkeit 78, 80, 82
Sputterkammer 77

Sachverzeichnis

Sputterleistung 81, 95
Sputtern 6, 75, 77, 91, 93, 101, 105
- mit Vorspannung 81
Sputtern von Nichtleitern 76
Sputterrate 78, 80, 86, 87
Sputterspannung 84
Sputtertarget 92
Sputterverfahren 53, 75
Sputtervorgang 75, 76, 83
Stahl-Elektrode 111
Staubkörner 107
Stickstoff 88, 105, 142
-, Atome 92
-, Dotierung 104, 121
-, Druck 101
-, flüssig 58
-, Gehalt 95
-, Konzentration 93
-, Partialdruck 92
Stitch-Bonden 128
Streifen-Leitungen 4
-, Koplanarleitung 4, 5
-, Schlitzleitung 4
-, Suspended-Substrate-Leitung 4
Strömungsleitwert 54, 55
Strömungswiderstand 55
Stomdichte 104
Stromdurchgang bei Elektrolyse 98
Stromlose Abscheidung 6, 110, 111
Stromrauschen von Widerständen 6, 18, 45
Substrate 6, 25, 64, 76, 110
-, Al-Oxid-Einkristall (Saphir) 25, 26
-, Al-Oxid-Keramik Al_2O_3 25, 26, 64, 120, 121
-, Bearbeitung 30
-, Beryllium 25, 26, 64
-, Corning Glas 26, 28
-, Dielektrizitätskonstante, relative 26
-, Erweichungstemperatur 26

-, Fensterglas 25, 28, 121
-, flexible 4
-, Folie, Polyimid 25, 29
-, Glasieren 25, 121
-, High Resolution Plates 38
-, Polieren 25
-, Rauhigkeit 25, 26, 27
-, Reinigung 121, 123
-, Sintern 25
-, Thermische Leitfähigkeit 26
-, Thermischer Ausdehnungskoeffizient 26
-, Verlustfaktor 26, 28
-, Wölbung 27
Substrat-Reinigung 29, 81
-, Halter 81
-, Magazin 86
-, Oberfläche 67
-, Temperatur 95

Tantal 7, 64, 66, 76, 81, 87, 95, 97, 98, 99, 103, 105, 109, 110, 114
-, massiv 15
Tantal-Aluminium-Kondensator 104
-, Flächenkapazität 104
-, Formierspannung 104
-, Temperaturkoeffizient 104
-, Verlustfaktor 104
Tantal-Aluminium-Legierung 81, 100
Tantal-Aluminium-Modifikation 96
-, Aluminium reiche Phase 96
-, amorphe Phase 96
-, β-Tantal 96
-, Gitter, kubisch raumzentriert 96
-, Gitter, tetragonal 96
Tantal-Aluminium-Schicht 96, 97
-, Ätzrate 96, 97
-, Anodisation 104
-, Eigenschaften 96, 97
-, Kondensator 103, 104
-, Langzeitstabilität 96

-, Sauerstoffeinbau 96, 97
-, spezifischer Widerstand 96
-, Stickstoffeinbau 96, 97
-, TKC 96
-, TKR 96
-, Widerstand 97
Tantal-Aluminium-Widerstand 95, 120
Tantal-Kondensator 100
-, Durchbruchspannung 101
-, Stickstoffdotierung 103, 122
Tantal-Modifikationen 17, 95
-, bulk Tantal 17
-, Eigenschaften 17
-, Gitterkonstante 17
-, Gitterstruktur 17
-, spezifischer Widerstand 17
-, Temperaturkoeffizient 17
Tantalnitrid TaN 15, 16, 17, 87, 109
- Ta_2N 15, 16, 17, 87, 89, 109
Tantal-Oxinitrid 87, 88, 90, 91, 95, 109, 118, 120, 123
-, spezifischer Widerstand 89, 90
-, Temperaturkoeffizient 90, 95
Tantal-Pentoxid 7, 28, 97, 98, 100, 133
Tantal-Schichten 16, 91, 94, 95, 97, 98, 120
-, Dielektrikum 90, 97
-, Eigenschaften 88
-, Haftfestigkeit 89
-, Kondensator 100, 118
-, Langzeitkonstanz 89, 90
-, Sauerstoffdotierung 100
-, spezifischer Widerstand 16, 82, 88, 89
-, Stickstoffdotierung 100
Target 76, 80, 93
- atome 79, 80
- aus zwei Stoffen 80
- fläche 80, 92
- material 79

Tauchlöten 127
Tauchverzinnen 127
Tellur 140
-, Elektronenbeweglichkeit 142
-, Kristall 142
Temperatur beim Dampfdruck 68
Temperaturkoeffizient 16, 88, 89, 93, 95
-, Anpassung 90
- in Halbleitern 12
- in Metallen 12
-, Widerstand 68, 91, 95, 112
Temperaturkompensation 49
Temperaturkompensierter Kondensator 91
- Widerstand 91
Temperaturprofil 40
Temperaturunabhängige Zeitkonstante 89
Tempertemperatur 91
Temperung 74, 103, 118, 142
Temperung, Kapazitätsänderung 119
-, TKC 119
-, Widerstandsänderung 119
Temperzeit 91
Thermokompression 7, 44, 126, 128
Thermospannung 94, 95
Thin Film Transistor (TFT) 133
-, Herstellungsverfahren 142, 144
- für hohe Spannungen 140, 141
-, idealer, Ersatzschaltung 139
-, Leckwiderstand 139
-, realer, Ersatzschaltung 139
Thixotroper Stoff 41
Tiegelmaterial 65
Titan 109
Titanoxid 97
Trapezförmige Unterätzung 107
Triodenanlage 75
Trockenofen 40
T-T-Glied 49

Sachverzeichnis

Turbinen-Schaufeln 59
Turbomolekularpumpe 60
-, Hochvakuum 59
-, senkrechte Anordnung 60
-, Ultrahochvakuum 59
Tyox-Paste
-, Flächenwiderstand 52
-, Strom-Spannungs-Kennlinie 51

Übergangswiderstand 118
Ultrahochvakuum 65
-, Pumpe 57
Ultraschallbad 7, 29
Ultraschallbohrer 30, 31
Ultraschallbonden 44, 73, 126, 129
Umhüllung von Schaltungen 131
Umhüllungspaste 50
Unterätzung 106, 110
UV-Licht 106, 107, 110

Vakuumanlage 53, 56, 131
Vakuumfett 63
Vakuumgefäß 63
Vakuumpumpe 57, 86
Vakuumtechnik 53
Vanadiumdioxid 51
Van der Waalsche Kräfte 67, 126
Ventilmetalle 97
Verdampfbare Materialien 66
Verdampfen 64
- mit Elektronenstrahlkanone 65
- mit Siliziumoxid 74
Verdampfungsmaterialien, Stöchiometrische Zusammensetzung 65
Verdampfungsquelle 64
Verdampfungstemperatur 65, 66
Verdampfungswärme 66, 68
Vergolden 111
Verkleinerung, Kamera 35

Verlustfaktor, Siliziumoxid-Kondensator 75
Verzinnen 127
Vierpunktmessung 9, 10
-, Flächenwiderstand 10
Viskosität 44
- des Photolackes 106
Viskositätsarten 42
Viskositätsbestimmung 53
Voralterung 118
Vorpumpe 57, 59, 60

Wälzkolbenpumpe 57
Wärmeleitvermögen 105
Wahrscheinlichkeit für einen defekten Kondensator 50
Wasser, deionisiertes 29
Wasserstoffsuperoxid 29
Wechselspannung 76
Wehneltzylinder 65
Widerstand 20, 87, 110, 112, 115, 117, 118
-, Abgleich 133
-, Elektroden 20
-, Flächenbedarf 28
-, Maske 34
-, Sandstrahlabgleich 132
Widerstandsbahnen 75
Widerstandsmäander 132
-, Feinabgleich 133
-, Grobabgleich 133
Widerstandsmaterial 73, 121
Widerstandspasten 45, 46
-, Ag-Pd-Oxid 46
-, Birox 46
-, Eigenschaften 46
-, Flächenwiderstand 45, 46, 47
-, Lagerung 46
-, Langzeitstabilität 46, 47
-, Metalloxide 45
-, Rauschzahl 46

-, Rutheniumoxid 46
-, Spannungskoeffizient 46
-, spezifischer Widerstand 46
-, Temperaturkoeffizient 45, 46, 47
-, Viskosität 46
-, Wismutruthenat 46, 47
Widerstandsrauschen, thermisch 19
Widerstandsschicht 68, 89
Widerstandstemperung 103
Wismutoxid 97
Wolfram 64, 110

YAG-Laser 30

Zerstäubung von Legierungen 80
- von Targetmaterial 79

Zinn 126
- Bad 127
- Blei-Lot 126
- Blei-Silber-Lot 45
- Lot 44
- Oxid 51
Zitronensäure 97, 100, 103
Zustandsdiagramm 126
zweilagige Dickschichtkondensatoren 4
Zweipolimpedanz 20
Zweischichtdielektrikum 104
Zweischichtfolie 32
Zweischichtkondensator 48
-, Verlustfaktor 105
Zwischentrocknung 34, 48